新编高等院校计算机科学与技术应用型规划教材

C语言程序设计习题与详解

葛日波　朱志刚　编著

北京邮电大学出版社
·北京·

内 容 简 介

《C语言程序设计习题与详解》一书是编者多年教学成果的结晶。全书包括两部分。第一部分选编了各类典型的习题，包括全国计算机等级考试题和初级程序员考试题近400道，几乎涵盖了C语言所有重点和难点。通过做题可以帮助读者更好、更快地理解和掌握知识，掌握一些常用的算法，从而提高应用能力。第二部分对第一部分的所有习题给出了答案和详细的解析过程，以供读者参考。

《C语言程序设计习题与详解》可以作为高等院校C语言程序设计课程的辅助教材，也可以供报考计算机等级考试者和其他自学者参考。

图书在版编目(CIP)数据

C语言程序设计习题与详解/葛日波，朱志刚编著．—北京：北京邮电大学出版社，2009(2012.6重印)
ISBN 978-7-5635-2083-1

Ⅰ.C…　Ⅱ.①葛…②朱…　Ⅲ.C语言—程序设计—高等学校—习题　Ⅳ.TP312-44

中国版本图书馆CIP数据核字(2009)第140676号

书　　名：C语言程序设计习题与详解
作　　者：葛日波　朱志刚
责任编辑：安耀东
出版发行：北京邮电大学出版社
社　　址：北京市海淀区西土城路10号(邮编：100876)
发 行 部：电话：010-62282185　传真：010-62283578
E-mail：publish@bupt.edu.cn
经　　销：各地新华书店
印　　刷：北京联兴华印刷厂
开　　本：787 mm×1 092 mm　1/16
印　　张：12.75
字　　数：298千字
印　　数：3 001—5 000册
版　　次：2009年8月第1版　2012年6月第2次印刷

ISBN 978-7-5635-2083-1　　　　定　价：26.00元

· 如有印装质量问题，请与北京邮电大学出版社发行部联系 ·

前　言

《C语言程序设计习题与详解》是为配合《C语言程序设计》课程的学习而编写的，其内容紧扣《C语言程序设计》的教学内容与大纲要求，吸收了作者多年的课程教学成果和参加全国计算机等级考试辅导、全国初级程序员考试辅导的经验；以促进读者理解和掌握知识为目标，以方便自学为立足点，进行了精心策划，大胆创新，有助于读者全面、系统地掌握C语言的知识精髓和提高解决实际问题的能力。

《C语言程序设计习题与详解》一书共分为两部分。

第一部分是C语言程序设计习题部分，选编了各类典型习题，包括全国计算机等级考试真题和初级程序员考试真题近400道，几乎涵盖了C语言所有重点和难点。通过做题可以帮助读者更好、更快地理解和掌握知识，并掌握一些常用的算法，从而提高应用能力。

第二部分是参考答案和详解部分，对第一部分中的每一道习题均给出了参考答案、要点提示和解析。为了确保参考答案的准确性，对于每一个可以上机实现的题目，我们均在VC＋＋ 6.0集成环境下调试和运行过，保证给出的答案是完全正确的。此外，我们还对习题所涉及的知识要点进行了提示，并对习题中涉及的所有问题进行了诠释，有助于读者参考。

《C语言程序设计习题与详解》一书在编写结构上与葛日波主编的《C语言程序设计》一书框架相一致，主要目的是想使《C语言程序设计》课程从教材到上机指导、再到习题三个环节形成相互促进、相互融合、相互完善的系统结构，更好地为院校教学和不同层次的读者服务。当然，每一本书在内容和结构上又独成体系，可以与其他任何同类书籍一起使用。

本书由葛日波和朱志刚共同编写完成，许多同事对编写此书给予了关心和支持，在此一并感谢。

限于作者的水平，书中难免有错误和不足之处，殷切期望广大读者批评指正。

作　者

2009年7月

目 录

第1部分 C语言程序设计习题

第 2 部分 C 语言程序设计习题答案与解析

PART

第1部分

1

C语言程序设计习题

本部分与《C语言程序设计》一书的章节相对应，选编了大量习题，其中包括部分全国计算机等级考试真题。通过做题不仅可以加深读者对知识的理解，还可使读者学会运用所学知识解决实际问题的方法，提高应用能力。

第1章　C语言初步习题

1. 选择题

(1) 以下选项中为合法整型常量的是________。

A) －80　　B) －080　　C) －8e1.0　　D) －80.0e

(2) 下列可用作用户标识符的一组是________。

A) void, define, WORD　　B) a3_b3, _123, Car

C) For, －abc, IFCase　　D) 2a, DO, sizeof

(3) 以下不正确的叙述是________。

A) 在C语言程序中,逗号运算符的优先级最低

B) 在C语言程序中,APH和aph是两个不同的变量

C) 若a和b类型相同,计算了表达式a＝b后b中的值将放入a中,而b中的值不变

D) 当从键盘输入数据时,对整型变量只能输入整型数值,对实型变量只能输入实型数值

(4) 以下选项中不能作为合法常量的是________。

A)1.234e04　　B)1.234e0.4　　C)1.234e＋4　　D)1.234e0

(5) 若有以下语句：

```
int a;
float b;
scanf("a// %d,b = %f",&a,&b);
```

为了将数据3和25.08分别赋给a和b,正确的输入格式是________。

A) 3,25.08<Enter>　　B) a＝3,b＝25.08<Enter>

C) a//3,b＝25.08<Enter>　　D) a//3<Enter>b＝25.08<Enter>

(6) 下面四个选项中均是不合法的用户标识符的是________。

A) A,P_0,do　　B) float,la0,_A

C) b－a,goto,int　　D) _123,temp,int

(7) 下面各选项中,均是C语言合法标识符的选项组是________。

A) 33,we,auto　　B) _23,me,_3ew

C) _43,3e_,else　　D) ER,- D,F32

(8) 下列正确的字符型常量是________。

A) '\r'　　B) "a"　　C) "\897"　　D) 296

(9) 在C语言源程序中，关于main函数位置的说法正确的是________。

A) 必须在最开始　　B) 必须在系统调用的库函数的后面

C) 可以任意　　D) 必须在最后

(10) 下面四个选项中，均是不正确的八进制数或十六进制数的选项是________。

A) 016,0x8f,018　　B) 0abc,017,0xa

C) 010,−0x11,0x16　　D) 0a12,7ff,−123

(11) 若有以下语句：

scanf("x = %d],sum]y = %d,line]z = %dL",&x,&y,&z);

已知在输入数据后，x,y,z的值分别是12,34,45，则以下输入格式正确的是________。

A) 12,34,45<Enter>

B) x=12,y=34,z=45<Enter>

C) x=12C,sumy=34,z=45<Enter>

D) x=12],sum]y=34,line]z=45<Enter>

(12) 以下叙述不正确的是________。

A) 一个C源程序可由一个或多个函数组成

B) 一个C源程序必须包含一个main函数

C) C程序的基本组成单位是函数

D) 在C程序中，注释说明只能位于一条语句的后面

(13) 下列是用户自定义标识符的是________。

A) _w1　　B) 3_xy　　C) int　　D) LINE−3

(14) 下面四个选项中，均是合法整型常量的选项是________。

A) 160,−0xffff,011　　B) −0xcdf,01a,0xe

C) −01,012,0668　　D) −0x48a,2e5,0x

(15) 以下是不合法的字符串常量的是________。

A) "\121"　　B) 'y'　　C) "\n\n"　　D) "ABCD\x6d"

(16) 以下叙述正确的是________。

A) C程序中的注释只能出现在程序的开始位置和语句的后面

B) C程序书写格式严格，要求一行内只能写一个语句

C) C程序书写格式自由，一个语句可以写在多行上

D) 用C语言编写的程序只能放在一个程序文件中

(17) 以下标识符不合法的是________。

A) print　　B) FOR　　C) &a　　D) _00

(18) 以下选项中不属于字符常量的是________。

A) 'C'　　B) "C"　　C) '\x5C'　　D) '\072'

(19) 有以下程序段：

```
char ch; int k;
ch = 'a';k = 12;
printf(" %c, %d,",ch,ch,k);
printf("k = %d\n", k);
```

已知字符 a 的 ASCII 码值为 97，则执行上述程序段后输出结果是________。

A) 因变量类型与格式描述符的类型不匹配输出无定值

B) 输出项与格式描述符个数不符，输出为零值或不定值

C) a,97,12k = 12

D) a,97,k = 12

(20) 下列叙述正确的是________。

A) C 语言编译时不检查语法

B) C 语言的子程序有过程和函数两种

C) C 语言的函数可以嵌套定义

D) C 语言所有函数都是外部函数

(21) 一个 C 程序的基本组成单位是________。

A) 一个主程序和若干子程序　　B) 函数

C) 过程　　D) 子程序

(22) 下列叙述错误的是________。

A) 一个 C 语言程序只能实现一种算法

B) C 程序可以由多个程序文件组成

C) C 程序可以由一个或多个函数组成

D) 一个 C 函数可以单独作为一个 C 程序文件存在

(23) 下列叙述正确的是________。

A) 每个 C 程序文件中都必须要有一个 main 函数

B) 在 C 程序中 main 函数的位置是固定的

C) C 程序中所有函数之间都可以相互调用，与函数所在位置无关

D) 在 C 程序的函数中不能定义另一个函数

(24) 下列定义变量的语句错误的是________。

A) int _int;　　B) double int_;

C) char For;　　D) float US$;

(25) 设有定义：

```
int a; float b;
```

执行“scanf("%2d%f",&a,&b);”语句时，若从键盘输入“876 543.0<Enter>”，a 和 b的值分别是________。

A) 876 和 543.000000　　B) 87 和 6.000000

C) 87 和 543.000000　　D) 76 和 543.000000

(26) 有以下程序：

```
void main(void)
{
  int a = 0,b = 0;
  a = 10;
  b = 20;
  printf("a + b = %d\n",a + b);
}
```

程序运行后的输出结果是________。

A) a + b = 10　B) a + b = 30　C) 30　D) 出错

(27) 算法中，对需要执行的每一步操作，必须给出清楚、严格的规定，这属于算法的________。

A) 正当性　B) 可行性　C) 确定性　D) 有穷性

(28) 以下叙述错误的是________。

A) 计算机不能直接执行用C语言编写的源程序

B) C程序经C编译程序编译后，生成后缀为.obj的文件是一个二进制文件

C) 后缀为.obj的文件，经连接程序生成后缀为.exe的文件是一个二进制文件

D) 后缀为.obj和.exe的二进制文件都可以直接运行

(29) 按照C语言规定的用户标识符命名规则，不能出现在标识符中的是________。

A) 大写字母　B) 连接符　C) 数字字符　D) 下划线

(30) 以下叙述错误的是________。

A) C语言是一种结构化程序设计语言

B) 结构化程序由顺序、分支、循环三种基本结构组成

C) 使用三种基本结构构成的程序只能解决简单问题

D) 结构化程序设计提倡模块化的设计方法

(31) 对于一个正常运行的C程序，以下叙述中正确的是________。

A) 程序的执行总是从main函数开始，在main函数结束

B) 程序的执行总是从程序的第一个函数开始，在main函数结束

C) 程序的执行总是从main函数开始，在程序的最后一个函数中结束

D) 程序的执行总是从程序中的第一个函数开始，在程序的最后一个函数中结束

(32) 设变量均已正确定义，若要通过“scanf("%d%c%d%c",&a1,&c1,&a2,&c2);”语句为变量a1和a2赋数值10和20，为变量c1和c2赋字符X和Y。以下所示的输入形式中正确的是(注：“□”代表空格字符)________。

A) 10□X□20□Y<Enter>　B) 10□X20□Y<Enter>

C) 10□X<Enter>
20□Y<Enter>

D) 10X<Enter>
20Y<Enter>

(33) C语言源程序名的后缀是________。

A) .exe　　B) .C　　C) .obj　　D) .cp

(34) 可在C程序中用作用户标识符的一组标识符是________。

A) and　_2007　　B) Date　y－m－d　　C) Hi　Dr. Tom　　D) case　Big1

(35) 以下选项中,合法的一组C语言数值常量是________。

A) 028　.5e－3　－0xf　　B) 12.　0Xa23　4.5e0　　C) .177　4e1.5　0abc　　D) 0x8A　10,000　3.e5

(36) 以下叙述正确的是________。

A) C语言程序将从源程序中第一个函数开始执行

B) 可以在程序中由用户指定任意一个函数作为主函数,程序将从此开始执行

C) C语言规定必须用main作为主函数名,程序将从此开始执行,在此结束

D) main可作为用户标识符,用以命名任意一个函数作为主函数

(37) 以下关于long、int和short类型数据占用内存大小的叙述正确的是________。

A) 均占4个字节

B) 根据数据的大小来决定所占内存的字节数

C) 由用户自己定义

D) 由C语言编译系统决定

(38) 以下叙述正确的是________。

A) C程序的基本组成单位是语句

B) C程序中的每一行只能写一条语句

C) 简单C语句必须以分号结束

D) C语句必须在一行内写完

(39) 计算机能直接执行的程序是________。

A) 源程序　　B) 目标程序　　C) 汇编程序　　D) 可执行程序

(40) 以下选项中不能作为C语言合法常量的是________。

A) 'cd'　　B) 0.1e＋6　　C) "\a"　　D) '\011'

(41) 以下选项中正确的定义语句是________。

A) double a;b;　　B) double a＝b＝7;

C) double a＝7,b＝7;　　D) double ,a,b;

(42) C源程序中不能表示的数制是________。

A) 二进制　　B) 八进制　　C) 十进制　　D) 十六进制

(43) 有以下程序(%u表示按无符号整数输出):

```
main()
{
  unsigned short x = 0xFFFF;    /* x的初值为十六进制数 */
  printf("%u\n",x);
}
```

程序运行后的输出结果是________。

A) -1　　B) 65535　　C) 32767　　D) 0xFFFF

(44) 以下合法的字符型常量是________。

A) '\x13'　　B) '\081'　　C) '65'　　D) "\n"

(45) 以下正确的字符串常量是________。

A) "\\\"　　B) 'abc'　　C) Olympic Games　　D) ""

(46) 若变量已正确定义为 int 型，要通过语句“scanf("%d,%d,%d",&a,&b,&c);”给 a 赋值 1、b 赋值 2、c 赋值 3，以下输入形式中错误的是________（“□”代表一个空格符）。

A) □□□1,2,3＜Enter＞　　B) 1□2□3＜Enter＞

C) 1,□□□2,□□□3＜Enter＞　　D) 1,2,3＜CR＞

2. 填空题

(1) 在 scanf()函数调用语句中，可以在格式字符和%号之间加上一个星号，它的作用是跳过对应的输入数据；当输入数据“100 200 300 400 500＜Enter＞”时，下面语句的执行结果为 【1】 。

```
int main(void)
{
  int a, b, c;
  scanf("%d %*d %d %d", &a, &b, &c);
  printf("%d %d %d", a, b, c);
  return 0;
}
```

(2) 有如下程序片段：

```
int a, b, c;
printf("input a,b,c: ");
scanf("a=%d,b=%d,c=%d",&a,&b,&c);
```

欲使 a、b、c 的值分别为 1、2、3，输入数据的正确形式为 【2】 。

(3) 以下程序运行后的输出结果是 【3】 。

```
void main()
{
  int x=0210;
  printf("%x\n", x);
}
```

(4) 下面程序的输出结果是 【4】 。

```
void main(void)
{
```

```
    char c = 'z';
    printf("%c", c - 25);
}
```

(5) 在C语言中,格式化输入操作是由库函数__【5】__完成的,格式输出操作是由库函数__【6】__完成的。

(6) 在一个C语言源程序中,注释部分的分界符分别是__【7】__和__【8】__。

(7) C语言源程序的基本单位是__【9】__。

(8) 执行以下程序时输入"1234567<CR>",则输出结果是__【10】__。

```
#include<stdio.h>
void main(void)
{
    int a = 1,b;
    scanf("%2d%2d",&a,&b);
    printf("%d,%d\n",a,b);
}
```

(9) 若整型变量a和b中的值分别为7和9,要求按以下格式输出a和b的值:

```
a = 7
b = 9
```

请完成输出语句"printf("__【11】__",a,b);"。

第 2 章　表达式和简单程序设计习题

1. 选择题

(1) 在 C 语言中，要求运算对象必须是整数的运算符是________。

A) %　　B) /　　C) %和/　　D) *

(2) 若变量已正确定义并赋值，以下符合 C 语言语法的表达式是________。

A) a:=b+1　　B) a=b=c+2

C) int 18.5 % 3　　D) a=a+7=c+b

(3) 下列关于语句的说法错误的是________。

A) 复合语句由“{”开头，由“}”结尾

B) 复合语句在语法上可以看成一条语句

C) 复合语句内，可以有执行语句，不可以有定义语句部分

D) C 程序中的所有语句都必须由一个分号成为结束

(4) 现在有以下定义：

```
int a; double b; float c; char k;
```

则下面的表达式 a / b+c−k 值的类型是________。

A) int　　B) double　　C) float　　D) char

(5) 以下变量 x,y,z 均为 double 类型且已正确赋值，不能正确表示数学式子 x÷y÷z 的 C 语言表达式是________。

A) x / y*z　　B) x *(1/(y*z))

C) x / y*1 / z　　D) x / y / z

(6) 若有以下定义：

```
int a = 7; float x = 2.5, y = 4.7;
```

则表达式 x+a % 3*(int)(x+y)% 2/4 的值是________。

A) 2.500000　　B) 2.750000　　C) 3.500000　　D) 0.000000

(7) 设变量 a 是 int 型，f 是 float 型，i 是 double 型，则表达式 10+'a'+i*f 的数据类型是________。

A) int　　B) float　　C) double　　D) 不确定

(8) 已知各变量的类型说明如下：

```
int k, a, b;
```

```
unsigned long w = 5;
double x = 1.42;
```

则以下不符合C语言语法的表达式是________。

A) x %(-3)

B) w+=-2

C) k=(a=2, b=3,a+B)

D) a+=a-=(b=4)*(a=3)

(9) 下列关于运算符"++,--"运算的叙述正确的是________。

A) 它们的运算对象可以是任何变量和常量

B) 它们的运算对象可以是char型变量和int型变量,但不能是float型变量

C) 它们的运算对象可以是int型变量,但不能是double型变量和float型变量

D) 它们的运算对象可以是char型变量、int型变量和float型变量

(10) 设变量已正确定义并赋值,以下正确的表达式是________。

A) x=y*5=x+z　　B) int(15.8%5)

C) x=y+z+5,++y　　D) x=25%5.0

(11) 若变量均已正确定义并赋值,以下合法的C语句是________。

A) x=y==5;　　B) x=n%2.5;

C) x+n=i;　　D) x=5=4+1;

(12) 有以下程序:

```
void main(void)
{
    int x, y, z;
    x = y = 1;
    z = x++ ,y++ , ++y;
    printf("%d, %d, %d\n",x,y,z);
}
```

程序运行后的输出结果是________。

A) 2,3,3　　B) 2,3,2　　C) 2,3,1　　D) 2,2,1

(13) 以下选项中,值为1的表达式是________。

A) 1-'0'　　B) 1-'\0'　　C) '1'-0　　D) '\0'-'0'

(14) 已知大写字母A的ASCII码是65,小写字母a的ASCII码是97。以下不能将变量c中的大写字母转换为对应小写字母的语句是________。

A) c=(c-'A')%26+'a'　　B) c=c+32

C) c=c-'A'+'a'　　D) c=('A'+c)%26-'a'

(15) 若有代数式$\sqrt{|n^x+e^x|}$(其中e仅代表自然对数的底数,不是变量),则以下能够正确表示该代数式的C语言表达式是________。

A) sqrt(abs(n^x+e^x))

B) sqrt(fabs(pow(n,x)+pow(x,e)))

C) sqrt(fabs(pow(n,x)+exp(x)))

D) sqrt(fabs(pow(x,n)+exp(x)))

(16) 设有定义“int k=0;”,以下选项的四个表达式中与其他三个表达式的值不相同的是________。

A) k++　　B) k+=1　　C) ++k　　D) k+1

(17) 已知字符 A 的 ASCII 代码值是 65,字符变量 c1 的值是‘A’,c2 的值是‘D’。执行语句“printf("%d,%d",c1,c2-2);”后,输出结果是________。

A) A,B　　B) A,68　　C) 65,66　　D) 65,68

(18) 以下不能正确表示代数式$\frac{2ab}{cd}$的 C 语言表达式是________。

A) 2*a*b/c/d　　B) a*b/c/d*2

C) a/c/d*b*2　　D) 2*a*b/c*d

2. 填空题

(1) 以下程序的输出结果是 【1】 。

```
void main(void)
{
   int a = 0;
   a += (a = 8);
   printf(" % d\n",A) ;
}
```

(2) 已知下列程序的输出结果是 16.00,请填空。

```
void main(void)
{
   int a = 9, b = 2;
   float x = 【2】 , y = 1.1, z;
   z = a / 2 + b * x / y + 1 / 2;
   printf(" % 5.2f\n", z);
}
```

(3) 设变量已正确定义为 int 类型,则表达式 n=i=2,++i,i++的值为 【3】 。

(4) 设有定义:float x=123.4567;,则执行以下语句后的输出结果是 【4】 。

```
print(" % f\n",(int)(x * 100 + 0.5)/100.0);
```

(5) 以下程序运行后的输出结果是 【5】 。

```
main()
{
   int m = 011, n = 11;
   printf("% d, % d\n", ++m, n++);
```

```
}
```

(6) 执行以下程序后的输出结果是 【6】 。

```
void main(void)
{
    int a = 10;
    a = (3 * 5,a + 4);
    printf("a = %d\n",a);
}
```

第 3 章　分支程序设计习题

1. 选择题

(1) 有以下程序:

```
int main(void)
{
   int i = 1, j = 1, k = 2;
   if((j++ || k++)&& i++)
   printf(" %d, %d, %d\n", i ,j ,k);
}
```

执行后输出结果是________。

A) 1,1,2　　B) 2,2,1　　C) 2,2,2　　D) 2,2,3

(2) 若运行时给变量 x 输入 12,则以下程序的运行结果是________。

```
main()
{
   int x, y;
   scanf(" %d", &x);
   y = x > 12 ? x + 10: x - 12;
   printf(" %d\n", y);
}
```

A) 0　　B) 22　　C) 12　　D) 10

(3) 若有条件表达式(exp)? a++: b--,则以下表达式中与其中(exp)完全等价于的是________。

A) (exp==0)　　B) (exp!=0)　　C) (exp==1)　　D) (exp!=1)

(4) 以下 4 个选项中,不能看成一条语句的是________。

A) ;

B) a=5, b=2.5, c=3.6;

C) if(a < 5);

D) if(b !=5)x=2; y=6;

(5) 当把以下 4 个表达式用作 if 语句的条件表达式时,与其他 3 个选项含义不同的选项是________。

A) k % 2

B) k % 2==1

C) (k % 2) !=0　　　　D) ! k % 2==1

(6) 若 x, y, z, t 为整型变量,现有如下语句:

x = y = z = 1; t = ++x || ++y && ++z;

则执行这个语句后 y 的值为________。

A) 2　　B) 1　　C) 0　　D) 不定值

(7) 若 w=1, x=2, y=3, z=4,则表达式 w < x ? w:y < z ? y:z 的值是________。

A) 4　　B) 3　　C) 2　　D) 1

(8) 下列程序的运行结果是________。

```
#include "stdio.h"
main()
{
int x = -9, y = 5, z = 8;
   if(x < y)
   if(y < 0)z = 0;
   else z += 1;
   printf(" %d\n",z);
}
```

A) 6　　B) 7　　C) 8　　D) 9

(9) 若变量 c 为 char 型,能正确判断出 c 为小写字母的表达式是________。

A) 'a'<=c<='z'　　　　B) (c>='a') || (c<='z')

C) ('a'<=c)and('z'>=c)　　　　D) (c>='a')&&(c<='z')

(10) 若执行下述程序时,从键盘输入 6 和 8,结果为________。

```
main()
{
   int a, b, s;
   scanf(" %d %d", &a, &B) ;
   s = a;
  if(a<b)
    s = b;
  s * = s;
  printf(" %d",s);
}
```

A) 36　　B) 64　　C) 48　　D) 以上都不对

(11) 设 x,y 和 z 都是 int 型变量,且 x=3,y=4,z=5,则下面表达式中,值为 0 的表达式是________。

A) x && y　　　　B) x <=y

C) x || ++y && y-z　　　　D) ! (x < y && ! z || 1)

(12) 若从键盘输入字母 b,则下列程序的执行结果是________。

```
main()
{
char c;
c = getchar();
if(c >= 'a'&& c <= 'u') c = c + 4;
else if(c >= 'v'&& c <= 'z') c = c - 21;
else printf("input error! \n");
putchar(c);
}
```

A) g　　B) w　　C) f　　D) d

(13) 若有以下程序:

```
main()
{
   int a = 5, b = 0, c = 0;
   if(a = b + c)printf("###\n");
   else printf("&&&\n");
}
```

则下列说法中正确的是________。

A) 有语法错,不能通过编译　　B) 可以通过编译,但不能通过连接

C) 输出"###"　　D) 输出"&&&"

(14) 有如下程序段:

```
int a = 14, b = 15, x;
char c = 'A';
x = (a && B) &&(c < 'B');
```

执行该程序段后,x 的值是________。

A) true　　B) false　　C) 0　　D) 1

(15) 下列程序的输出结果是________。

```
main()
{
  float x = 2.0, y;
   if(x < 0.0)y = 0.0;
   else if(x < 10.0)y = 1.0 / x;
   else y = 1.0;
   printf("%f\n", y);
}
```

A) 0.000000　　B) 0.250000　　C) 0.500000　　D) 1.000000

(16) 运行下面程序时，从键盘输入字母 H，则输出结果是________。

```
#include<stdio.h>
main()
{
    char ch;
    ch = getchar();
    switch(ch)
    { case 'H': printf("Hello!");
      case 'G': printf("Good morning!");
      default: printf("Bye_Bye!");
    }
}
```

A) Hello!　　B) Good Moring!

C) Bye_Bye!　　D) Hello! Good morning! Bye_Bye!

(17) 已知字母 A 的 ASCII 码值为 65，若变量 kk 为 char 型，以下不能正确判断出 kk 中的值为大写字母的表达式是________。

A) kk >='A'&& kk <='Z'

B) !(kk >='A'|| kk <='Z')

C) (kk+32) >='a'&& (kk+32) <='z'

D) kk >='a'-32 && kk <='z'-32

(18) 当变量 c 的值不为 2、4、6 时，值也为"真"的表达式是________。

A) (c==2)||(c==4)||(c==6)

B) (c >=2 && c <=6)||(c !=3)||(c !=5)

C) (c >=2 && c <=6) && ! (c%2)

D) (c>=2 && c <=6) && (c%2!=1)

(19) 若变量已正确定义，以下程序段的输出结果是________。

```
int a = 3, b = 5, c = 7;
if(a > b) a = b; c = a;
if(c != a) c = b;
printf("%d,%d,%d\n", a, b, c);
```

A) 程序段有语法错　　B) 3,5,3　　C) 3,5,5　　D) 3,5,7

(20) 以下程序的运行结果是________。

```
#include <stdio.h>
main()
{  int x = 1, y = 0, a = 0, b = 0;
   switch(x)
   { case 1:
     switch(y)
```

```
        {  case 0: a++; break;
           case 1: b++; break;
        }
        case 2: a++; b++; break;
        case 3: a++; b++;
    }
    printf("a=%d,b=%d\n",a,b);
}
```

A) a=1,b=0　B) a=2,b=2　C) a=1,b=1　D) a=2,b=1

(21) 以下关于逻辑运算符两侧运算对象的叙述正确的是________。

A) 只能是整数 0 或 1　B) 只能是整数 0 或非 0 整数

C) 可以是结构体类型的数据　D) 可以是任意合法的表达式

(22) 若有定义"int x,y;"并已正确给变量赋值,则在以下选项中与表达式(x−y)?(x++):(y++)中的条件表达式(x−y)等价的是________。

A) (x−y>0)　B) (x−y<0)

C) (x−y<0||x−y>0)　D) (x−y==0)

(23) 在嵌套使用 if 语句时,else 总是________。

A) 和之前与其具有相同缩进位置的 if 配对

B) 和之前与其最近的 if 配对

C) 和之前与其最近的且不带 else 的 if 配对

D) 和之前的第一个 if 配对

(24) 下列叙述中正确的是________。

A) break 语句只能用于 switch 语句

B) 在 switch 语句中必须使用 default

C) break 语句必须与 switch 语句中的 case 配对使用

D) 在 switch 语句中,不一定使用 break 语句

(25) 设变量 x 和 y 均已正确定义并赋值。以下 if 语句中,在编译时将产生错误信息的是________。

A) if(x++);　B) if(x>y&&y!=0);

C) if(x>0)x−−
else y++　D) if(y<0){;}
else x++

(26) 以下选项中,当 x 为大于 1 的奇数时,值为 0 的表达式是________。

A) x%2==1　B) x/2　C) x%2!=0　D) x%2==0

(27) 有以下计算公式:

$$y=\begin{cases}\sqrt{x} & (x\geqslant 0)\\ \sqrt{-x} & (x<0)\end{cases}$$

若程序前面已在命令行中包含 math.h 文件,以下不能够正确计算上述公式的程序段是________。

A) if(x>=0) y=sqrt(x);
   else y=sqrt(-x);

B) y=sqrt(x);
   if(x<0) y=sqrt(-x);

C) if(x>=0) y=sqrt(x);
   if(x<0) y=sqrt(-x);

D) y=sqrt(x>=0? x:-x);

(28) 已有定义"char c;",程序前面已在命令行中包含 ctype.h 文件。不能用于判断c中的字符是否为大写字母的表达式是________。

A) isupper(c)

B) 'A'<=c<='Z'

C) 'A'<=c&&c<='Z'

D) c<=('z'-32)&&('a'-32)<=c

2. 填空题

(1) 阅读下面语句,则程序的执行结果是 __【1】__。

```
#include "stdio.h"
int main(void)
{
   int a = -1, b = 1, k;
   if((++a<0)&& ! (b-- <= 0))
         printf("%d,%d\n", a, B) ;
   else printf("%d,%d\n", b, A) ;
}
```

(2) 以下程序输出的结果是 __【2】__。

```
int main(void)
{
   int a=5, b=4, c=3, d;
   d=(a > b > c);
   printf("%d\n",d);
}
```

(3) 阅读下面程序,则执行后的输出结果是 __【3】__。

```
#include "stdio.h"
main()
{
   int x, y, z;
   x=1; y=2; z=3;
   if(x>y)
   if(x>z)printf("%d", x);
   else    printf("%d", y);
   printf("%d\n", z);
}
```

(4) 若已知 a=10,b=20,则表达式!a < b 的值为 __【4】__。

(5) 设 int a=5, b=6,表达式(++a==b--)? ++a:--b 的值是 __【5】__。

(6) 若有以下定义:

```
char c = ''; int a = 1, b;
```

执行"b=! c && a;" 后 b 的值为 __【6】__。

(7) 以下程序的运行结果是 __【7】__。

```
main()
{ int a = 2,b = 7,c = 5;
  switch(a>0)
  { case 1:switch(b<0)
        { case 1:printf("@"); break;
          case 2: printf("!"); break;
        }
    case 0: switch(c == 5)
        { case 0: printf(" * "); break;
          case 1: printf("#"); break;
          case 2: printf(" $ "); break;
        }
    default : printf("&");
    }
    printf("\n");
}
```

(8)以下程序的功能是:输出 a、b、c 三个变量中的最小值。请填空。

```
#include<stdio.h>
main()
{ int a,b,c,t1,t2;
  scanf(" %d %d %d",&a,&b,&c);
  t1 = a<b? 【8】 ;
  t2 = c<t1? 【9】 ;
  printf(" %d\n",t2);
}
```

第4章　循环程序设计习题

1. 选择题

(1) 若有以下程序：

```
int main(void)
{
  int i, s = 1;
  for (i = 1; i < 50; i++)
    if(! (i % 5) && ! (i % 3))
        s += i;
    printf(" %d\n", s);
}
```

程序的输出结果是________。

A) 409　　B) 277　　C) 1　　D) 91

(2) 若有下列代码：

```
int t = 0;
while(t = 1)
{…}
```

则以下叙述正确的是________。

A) 循环控制表达式的值为 0　　B) 循环控制表达式的值为 1

C) 循环控制表达式不合法　　D) 以上说法都不对

(3) 下列程序的输出结果是________。

```
#include "stdio.h"
int main(void)
{
    int i, a = 0, b = 0;
    for(i = 1; i<10; i++)
    {  if(i%2 == 0)
       {  a++;
          continue;
```

```
        }
        b++;
    }
    printf("a=%d,b=%d", a, B);
}
```

A) a=4,b=4　　B) a=4,b=5　　C) a=5,b=4　　D) a=5,b=5

(4) 若有以下程序段:

```
int x=0, s=0;
while(!x!=0)s+=++x;
printf("%d", s);
```

以下说法正确的是________。

A) 运行程序段后输出 0

B) 运行程序段后输出 1

C) 程序段中的控制表达式是非法的

D) 程序段执行无限次

(5) 下列说法中错误的是________。

A) 只能在循环体内使用 break 语句

B) 在循环体内使用 break 语句可以使流程跳出本层循环体,从而提前结束本层循环

C) 在 while 和 do-while 循环中,continue 语句并没有使整个循环终止

D) continue 的作用是结束本次循环,接着再一次进行循环判断

(6) 以下描述中正确的是________。

A) 在 do-while 循环中循环体内不能使用复合语句

B) do-while 循环由 do 开始用 while 结束,在 while(表达式)后面不能写分号

C) 在 do-while 循环中,是先执行一次循环体,再进行判断

D) 在 do-while 循环中,根据情况可以省略 while

(7) 若有如下程序段:

```
#include "stdio.h"
main()
{
int x, a, b;
  scanf("%d", &x);
  a=b=x;
  for(;x!=0;)
  {
      if(x<b) b=x;
      if(x>A) a=x;
```

```
        scanf("%d", &x);
    }
    printf("a=%d,b=%d\n",a,b);
}
```

执行时若输入("□"表示空格):34□56□23□45□5□56□7□12□365□49□48□57□87□7□6□7569□789□0<Enter>,则输出结果是________。

A) a=7569,b=789　　B) a=5,b=365

C) a=7,b=789　　D) a=7569,b=5

(8) 若变量已正确定义,以下 while 循环的作用是不断输出读入的字符,当读入回车换行符时结束,则以下正确的程序段是________。

A) while (ch=getchar()=='\N') putchar(ch);

B) while (ch=getchar())=='\n') putchar(ch);

C) while((ch=getchar())!='\N') putchar(ch);

D) while((ch=getchar())!='\n') putchar(ch);

(9) 以下程序的运行结果是________。

```
#include "stdio.h"
main()
{
    int m, n;
    for(m=0, n=10; m<n; m+=3, n--);
    printf("%d,%d\n", m, n);
}
```

A) 6,7　　B) 7,6　　C) 9,7　　D) 7,9

(10) 以下程序的输出结果是________。

```
main()
{
    int a, i; a=0;
    for(i=1; i<5; i++)
    {
     switch(i)
     { case 0:
       case 3: a+=2;
       case 1:
       case 2: a+=3;
       default: a+=5;
     }
    }
```

```
  printf("%d\n", a);
}
```

A) 31　　B) 13　　C) 10　　D) 20

(11) 若有以下程序：

```
#include<stdio.h>
main()
{
   int c;
   while((c=getchar())!='\n')
   {
     switch(c-'2')
     {
      case 0:
      case 1: putchar(c+4);
      case 2: putchar(c+4); break;
      case 3: putchar(c+3);
      case 4: putchar(c+3); break;
     }
   }
  printf("\n")
}
```

程序运行时，若输入“2743”后回车，则程序的输出结果是________。

A) 66877　　B) 668966　　C) 6677877　　D) 6688766

(12) 若有如下程序：

```
main()
{
  int n=9;
  while(n>6)  { n--; printf("%d", n);}
}
```

该程序的输出结果是________。

A) 987　　B) 876　　C) 8765　　D) 9876

(13) 以下程序的输出结果是________。

```
main()
{
  int x=0, y=0, i;
  for (i=1;  ; ++i)
  {  if (i%2==0) { x++; continue; }
     if (i%5==0) { y++; break;}
```

```
    }
    printf (" %d, %d", x, y);
}
```

A) 2,1　　B) 2,2　　C) 2,5　　D) 5,2

(14) 运行以下程序时，若输入“ADescriptor<Enter>”，则下面程序的运行结果是________。

```
#include<stdio.h>
main()
{
    char c;
    int v0 = 1, v1 = 0, v2 = 0;
    do
    {
      switch(c = getchar())
      { case 'a':case 'A':
        case 'e':case 'E':
        case 'i':case 'I':
        case 'o':case 'O':
        case 'u':case 'U': v1 += 1;
        default: v0 += 1; v2 += 1;
      }
    }while(c != '\n');
   printf("v0 = %d,v1 = %d,v2 = %d\n",v0,v1,v2);
}
```

A) v0 = 7,v1 = 4,v2 = 7　　B) v0 = 8,v1 = 4,v2 = 8

C) v0 = 11,v1 = 4,v2 = 11　　D) v0 = 13,v1 = 4,v2 = 12

(15) 在下列选项中，没有构成死循环的是________。

A)
```
int i = 100;
while(1)
{ i = i % 100 + 1;
  if(i > 100)break;
}
```

B)
```
for(;;);
```

C)
```
int k = 10000;
do{ k++; } while(k>10000);
```

D)
```
int s = 36;
while(s) --s;
```

(16) 下列程序运行后若输入“quert?”，则输出的结果是________。

```
#include<stdio.h>
main()
{
  char c;
  c=getchar();
  while(c!='?')
  {
    putchar(c);
    c=getchar();
  }
}
```

A) quert　　B) Rvfsu　　C) quert?　　D) rvfsu?

(17) 以下程序的运行结果是________。

```
#include<stdio.h>
main()
{
  int x=8;
  for(;x>0;x--)
  {  if(x%3) {printf("%d,",x--); continue;}
     printf("%d,",--x);
  }
}
```

A) 7,4,2,　　B) 8,7,5,2,　　C) 9,7,6,4,　　D) 8,5,4,2,

(18) 以下不构成死循环的代码段是________。

A) n=0;
```
   do{++n;} while(n<=0);
```
B) n=0;
```
   while(1) {n++;}
```
C) n=10;
```
   while(n); {n--;}
```
D) for(n=0,i=1; ;i++) n+=i;

(19) 以下叙述正确的是________。

A) break 语句只能用于 switch 语句体中

B) continue 语句的作用是：使程序的执行流程跳出包含它的所有循环

C) break 语句只能用在循环体内和 switch 语句体内

D) 在循环体内使用 break 语句和 continue 语句的作用相同

(20) 有以下程序：

```
main()
```

```
{int k=5,n=0;
 do
 {switch(k)
  {case 1: case 3: n+=1;k--;break;
   default:n=0;k--;
   case 2:  case 4:n+=2;k--;break;
  }
  printf("%d",n);
 }while(k>0&&n<5);
}
```

程序运行后的输出结果是________。

A) 235　　B) 0235　　C) 02356　　D) 2356

(21) 有以下程序:

```
main()
{int i,j;
 for(i=1;i<4;i++)
 {for(j=i;j<4;j++) printf("%d*%d=%d ",i,j,i*j);
  printf("\n");
 }
}
```

程序运行后的输出结果是________。

A)
```
1*1=1  1*2=2  1*3=3
2*1=2  2*2=4
3*1=3
```
B)
```
1*1=1  1*2=2  1*3=3
2*2=4  2*3=6
3*3=9
```
C)
```
1*1=1
1*2=2  2*2=4
1*3=3  2*3=6  3*3=9
```
D)
```
1*1=1
2*1=2  2*2=4
3*1=3  3*2=6  3*3=9
```

(22) 若变量已正确定义,有以下程序段:

```
i=0;
do printf("%d,",i); while(i++);
printf("%d\n",i);
```

其输出结果是________。

A) 0,0　　B) 0,1　　C) 1,1　　D) 程序进入无限循环

(23) 有以下程序:

```
#include<stdio.h>
main()
{
  int y=9;
```

```
    for(;y>0;y--)
      if(y%3==0) printf("%d",--y);
}
```

程序的运行结果是________。

A) 741　　B) 963　　C) 852　　D) 875421

(24) 有以下程序:

```
#include<stdio.h>
main()
{
  int i,j,m=55;
  for(i=1;i<=3;i++)
    for(j=3;j<=i;j++) m=m%j;
  printf("%d\n",m);
}
```

程序的运行结果是________。

A) 0　　B) 1　　C) 2　　D) 3

2. 填空题

(1) 下列程序的输出结果是 __【1】__。

```
int main(void)
{  int i;
   for(i=1; i+1; i++)
   {  if(i > 4)
      {  printf("%d\n", i);
         break; }
      printf("%d\n", i++);
   }
}
```

(2) 下面程序的功能是:计算 1～10 之间的奇数之和与偶数之和,请填空。

```
#include<stdio.h>
main()
{ int a, b, c, i;
  a=c=0;
  for(i=0;i<=10;i+=2)
  {  a+=i;
     __【2】__ ;
     c+=b;
```

```
    }
    printf("偶数之和=%d\n",a);
    printf("奇数之和=%d\n", c-11);
}
```

(3) 以下程序的输出结果是 __【3】__。

```
main()
{
    int y=9;
    for(; y>0; y--)
        if(y % 3==0)
        { printf("%d", --y);
          continue;
        }
}
```

(4) 执行下面程序段后,k 的值是 __【4】__。

```
int r=1; n=203;k=1
do
 {k*=n%10*r;
 n/=10; r++;
}while(n);
```

(5) 若有定义"int k;",以下程序段的输出结果是 __【5】__。

```
for(k=2; k<6 ; k++,k++) printf("##%d",k);
```

(6) 当执行以下程序时,输入 1234567890<Enter>,则其中 while 循环体将执行 __【6】__ 次。

```
#include<stdio.h>
main()
{
    char ch;
    while((ch=getchar())=='0') printf("#");
}
```

(7) 以下程序的输出结果是 __【7】__。

```
#nclude <stdio.h>
main()
{
    int n=12345,d;
    while(n!=0){ d=n%10; printf("%d",d); n/=10;}
}
```

(8) 有以下程序段,且变量已正确定义和赋值:

```
for(s = 1.0,k = 1;k< = n;k ++ ) s = s + 1.0/(k * (k + 1));
printf("s = % f\n\n",s);
```

请填空,使下面程序段的功能与之完全相同。

```
s = 1.0;k = 1;
while( 【8】 ){ s = s + 1.0/(k * (k + 1)); 【9】 ;}
printf("s = % f\n\n",s);
```

(9) 以下程序的输出结果是 【10】 。

```
# include<stdio.h>
main()
{
  int i;
  for(i = 'a';i<'f';i++ ,i++ ) printf(" % c",i - 'a' + 'A');
  printf("\n");
}
```

第 5 章　数组习题

1. 选择题

(1) 下面的程序段运行后,输出结果是________。

```
int i, j, x = 0;
static int a[8][8];
for(i = 0;i<3;i ++ )
    for(j = 0;j<3;j ++ )
        a[i][j] = 2 * i + j;
for(i = 0;i<8;i ++ )
    x += a[i][j];
printf("%d",x);
```

A) 9　　B) 不确定值　　C) 0　　D) 18

(2) 下列程序段的输出结果是________。

```
#include "stdio.h"
main()
{
  int k[30] = {12, 324, 45, 6, 768, 98, 21, 34, 453, 456};
  int count = 0, i = 0;
  while(k[i])
  {if(k[i] % 2 == 0 || k[i] % 5 == 0)count ++ ;
   i ++ ;
  }
  printf("%d,%d\n", count, i);
}
```

A) 7,8　　B) 8,8　　C) 7,10　　D) 8,10

(3) 下面程序输出的结果是________。

```
main()
{
  int i;
```

```
    int a[3][3] = {1, 2, 3, 4, 5, 6, 7, 8, 9};
    for(i = 0; i<3; i++)
    printf(" %d ", a[2 - i][i]);
}
```

A) 1 5 9　　B) 7 5 3　　C) 3 5 7　　D) 5 9 1

(4) 若有下面的语句,则正确的说法是________。

```
int a[10] = {6, 7, 8, 9, 10};
```

A) 将 5 个初值依次赋给 a[1]至 a[5]

B) 将 5 个初值依次赋给 a[0]至 a[4]

C) 将 5 个初值依次赋给 a[6]至 a[10]

D) 因为数组长度与初值的个数不相同,所以此语句不正确

(5) 下面程序实现的功能是________。

```
#include "stdio.h"
main()
{
  int c[ ] = {23, 1, 56, 234, 7, 0, 34}, i, j, t;
  for(i = 1; i<7; i++)
  {
     t = c[i]; j = i - 1;
     while(j> = 0 && t>c[j])
     { c[j + 1] = c[j]; j-- ;}
      c[j + 1] = t;
  }
for(i = 0; i<7; i++)
   printf(" %d ",c[i]);
putchar('\n');
}
```

A) 对数组元素按升序排列　　B) 对数组元素按降序排列

C) 对数组元素按倒序排列　　D) 对数组元素进行随机排列

(6) 以下不能对二维数组 a 进行正确初始化的语句是________。

A) int a[2][3]={0};

B) int a[ ][3]={{1,2},{0}};

C) int a[2][3]={{1,2},{3,4},{5,6}};

D) int a[ ][3]={1,2,3,4,5,6};

(7) 以下错误的定义语句是________。

A) int x[ ][3]={{0},{1},{1,2,3}};

B) int x[4][3]={{1,2,3},{1,2,3},{1,2,3},{1,2,3}};

C) int x[4][ ]={{1,2,3},{1,2,3},{1,2,3},{1,2,3}};

D) int x[ ][3]={1,2,3,4};

(8) 若有定义：

int a[2][3];

则以下选项中对 a 数组元素正确引用的是________。

A) a[2][! 1]　　B) a[2][3]　　C) a[0][3]　　D) a[1>2][! 1]

(9) 以下程序的运行结果是________。

```
#include<stdio.h>
main()
{
    int s[12]={1,2,3,4,4,3,2,1,1,1,2,3}, c[5]={0}, i;
    for(i=0; i<12; i++) c[s[i]]++;
    for(i=1; i<5; i++) printf("%d",c[i]);
    printf("\n");
}
```

A) 1 2 3 4　　B) 2 3 4 4　　C) 4 3 3 2　　D) 1 1 2 3

(10) 以下能正确定义一维数组的选项是________。

A) int a[5]={0,1,2,3,4,5};

B) char a[]={'0','1','2','3','4','5','\0'};

C) char a={'A','B','C'};

D) int a[5]="0123";

(11) 有以下程序：

```
main()
{
  int a[4][4]={{1,4,3,2},{8,6,5,7},{3,7,2,5},{4,8,6,1}},i,j,k,t;
  for(i=0;i<4;i++)
    for(j=0;j<3;j++)
      for(k=j+1;k<4;k++)
        if(a[j][i]>a[k][i])
          {t=a[j][i];a[j][i]=a[k][i];a[k][i]=t;}/*按列排序*/
  for(i=0;i<4;i++) printf("%d,",a[i][i]);
}
```

程序运行后输出的结果是________。

A) 1,6,5,7,　　B) 8,7,3,1,　　C) 4,7,5,2,　　D) 1,6,2,1,

(12) 有以下程序：

```
main()
{
  int a[4][4]={{1,4,3,2,},{8,6,5,7,},{3,7,2,5,},{4,8,6,1,}},i,k,t;
  for(i=0;i<3;i++)
```

```
    for(k = i + i;k<4;k ++ )
        if(a[i][i]<a[k][k]){t = a[i];a[i][i] = a[k][k];a[k][k] = t;}
  for(i = 0;i<4;i ++ )printf(" %d,",a[0][i]);
}
```

A) 6,2,1,1,　　B) 6,4,3,2,

C) 1,1,2,6,　　D) 2,3,4,6,

(13) 若有定义语句“int a[3][6];”,则 a 数组的第 10 个元素是________。

A) a[0][4]　　B) a[1][3]　　C) a[0][3]　　D) a[1][4]

2. 填空题

(1) 以下程序是求矩阵 a、b 的和,结果存入矩阵 c 中,并按矩阵形式输出,请填空。

```
#include<stdio.h>
int main(void)
{
    int a[3][4] = { {3, -2, 7, 5},{1, 0, 4, -3}, {6, 8, 0, 2}};
    int b[3][4] = { {-2, 0, 1, 4},{5, -1, 7, 6}, {6, 8, 0, 2}};
    int i, j, c[3][4];
    for(i = 0;i<3;i ++ )
      for(j = 0;j<4;j ++ )
        c[i][j] = __【1】__ ;
    for(i = 0; i<3; i ++ )
    {
        for(j = 0; j<4; j ++ )
            printf(" %3d", c[i][j]);
        printf("\n");
    }
}
```

(2) 下面程序的功能是输出数组 s 中最大元素的下标,请填空。

```
void main(void)
{
    int k, p, s[ ] = {1, -9, 7, 2, -10, 3};
    for(p = 0, k = p; p<6; p ++ )
        if(s[p] > s[k]) __【2】__
    printf(" %d\n", k);
}
```

(3) 设有定义语句“int a[][3]={{0},{1},{2}};”,则数组元素 a[1][2]的值为__【3】__。

(4) 以下程序的功能是:求出数组 x 中各相邻两个元素的和并依次存放到 a 数组中,

然后输出。请填空。

```
main()
{
    int x[10],a[9],i;
    for(i=0;i<10;i++) scanf("%d",&x[i]);
    for( 【4】 ;i<10;i++)
        a[i-1]=x[i]+ 【5】 ;
    for(i=0;i<9;i++) printf("%d",a[i]);
    printf("\n");
}
```

(5) 以下程序统计从终端输入的字符中大写字母的个数,num[0]中统计字母A的个数,num[1]中统计字母B的个数,其他依次类推。用"#"号结束输入,请填空。

```
#include<stdio.h>
#include<ctype.h>
main()
{
    int num[26]={0},i; char c;
    while(( 【6】 )!='#')
      if(isupper(c)) num[c-'A']+= 【7】 ;
    for(i=0;i<26;i++)
      printf("%c:%d\n",i+'A',num[i]);
}
```

(6) 以下程序的输出结果是 【8】 。

```
#include<stdio.h>
main()
{
   int i,n[4]={1};
   for(i=1;i<=3;i++)
   { n[i]=n[i-1]*2+1; printf("%d ",n[i]);}
}
```

第 6 章　指针习题

1. 选择题

(1) 执行以下程序后，a、b 的值分别是________。

```
void main()
{
    int a, b, k = 4, m = 6, * p1 = &k, * p2 = &m;
    a = p1 = = &m;
    b = ( * p1)/( * p2) + 7;
    printf("a = % d\n", a) ;
    printf("b = % d\n", b);
}
```

A) -1,5　　B) 1,6　　C) 0,7　　D) 4,10

(2) 现有如下定义：

int a, b, * p, * q;

则下列赋值语句错误的是________。

A) p=&a;　　B) q=&b;　　C) p=q;　　D) p=a;

(3) 有如下程序段：

```
int * p, a = 10, b = 1;
p = &a; a = * p + b;
```

执行该程序段后，a 的值是________。

A) 12　　B) 11　　C) 10　　D) 编译出错

(4) 若有语句：

char * line[5];

以下叙述正确的是________。

A) 定义 line 是一个数组，每个数组元素是一个基类型为 char 的指针变量

B) 定义 line 是一个指针变量，该变量可以指向一个长度为 5 的字符型数组

C) 定义 line 是一个指针数组，语句中的 * 号称为间接运算符

D) 定义 line 是一个指向字符型函数的指针

(5) 下面程序的输出结果是________。

```
int main(void)
{
  int a[10] = {1, 2, 3, 4, 5, 6, 7, 8, 9, 10}, *p = a;
  printf("%d\n", *(p+2));
}
```

A) 3　　B) 4　　C) 1　　D) 2

(6) 若已定义：

int a[ ] = {0, 1, 2, 3, 4, 5, 6, 7, 8, 9}, *p = a, i;

其中 0≤i≤9，则对 a 数组元素不正确的引用是________。

A) a[p−a]　　B) *(&a[i])　　C) p[i]　　D) a[10]

(7) 下列程序的执行结果是________。

```
#include "stdio.h"
 int main(void)
 {
   int c[ ][4] = { 1, 2, 3, 4, 5, 6, 7,
                  34, 213, 56, 62, 3, 23, 12, 34, 56};
   printf("%x, %x\n", c[2][2], *(*(c+1)+1));
 }
```

A) 3e,6　　B) 62,5　　C) 56,5　　D) 3E,6

(8) 下面程序的输出结果是________。

```
#include<stdio.h>
void main()
{
  int a[ ] = {1, 2, 3, 4, 5, 6, 7, 8, 9, 0}, *p;
  p = a;
  printf("%d\n", *p+9);
}
```

A) 0　　B) 1　　C) 10　　D) 9

(9) 若有以下程序：

```
main()
{
  int a[10] = {1, 2, 3, 4, 5, 6, 7, 8, 9, 10};
  int *p = &a[3], *q = p+2;
  printf("%d\n", *p + *q);
}
```

程序运行后的输出结果是________。

A) 16　　B) 10　　C) 8　　D) 6

(10) 设 p1 和 p2 是指向一个整型一维数组的指针变量，k 为整型变量，则不能正确执行的语句是________。

A) k= *p1 + *p2　　　　B) p2 = k;

C) p1 = p2;　　　　D) k= *p1 * (*p2);

(11) 以下程序有错,错误的原因是________。

```
main()
{
  int *p, i;
  char *q,ch;
  p = &i;
  q = &ch;
  *p = 40;
  *p = *q;
  ...
}
```

A) p 和 q 的类型不一致,不能执行"*p= *q;"

B) *p 中存放的是地址值,因此不能执行"*p=40;"

C) q 没有指向具体的存储单元,所以 *q 没有实际意义

D) q 虽指向了具体的存储单元,但该单元中没有确定的值,所以执行"*p= *q;"没有意义

(12) 若有定义"int a[9], *p=a;",则 p+5 表示的是________。

A) 数组元素 a[5]的值　　　　B) 数组元素 a[5]的地址

C) 数组元素 a[6]的地址　　　　D) 数组元素 a[0]的值加上 5

(13) 若有定义"int a[2][3];",则对元素 a[i][j](假设 i,j 已正确说明并赋值)的正确引用是________。

A) *(*(a+i)+j)　　　　B) (a+i)[j]

C) *(a+i+j)　　　　D) *(a+i)+j

(14) 以下定义语句中正确的是________。

A) int a=b=0;　　　　B) char a=65+1, b='b';

C) float a=1, *b=&a, *c=&b;　　　　D) double a=0.0; b=1.1;

(15) 有以下程序段:

```
#include<stdio.h>
main()
{  int a[ ] = {1,2,3,4}, y, *p = &a[3];
   --p; y = *p;
   printf("y = %d\n",y);
}
```

程序的运行结果是________。

A) y = 0　　　　B) y = 1　　　　C) y = 2　　　　D) y = 3

(16) 下面程序的输出结果是________。

```
int main(void)
{
   int a[10] = {1, 2, 3, 4, 5, 6, 7, 8, 9, 10}, * p = a;
   printf(" %d\n", * (p + 2));
}
```

A) 3　　B) 4　　C) 1　　D) 2

(17) 若在定义语句"int a,b,c, * p=&c;"之后,接着执行以下选项中的语句,则能正确执行的语句是________。

A) scanf("%d",a,b,c);　　B) scanf("%d%d%d",a,b,c);

C) scanf("%d",p);　　D) scanf("%d",&p);

(18) 有如下程序段:

```
#include "stdio.h"
main()
{
   int a[5][6] = { 23, 3, 65, 21, 6, 78, 28, 5, 67, 25, 435, 76, 8,
                   22, 45, 7, 8, 34, 6, 78, 32, 4, 5, 67, 4, 21, 1};
   int i = 1, j = 5;
   printf(" %d\n", * (&a[0][0] + 2 * i + j - 2));
}
```

则程序的输出结果是________。

A) 21　　B) 78　　C) 23　　D) 28

(19) 设已有定义"float x;",则以下对指针变量 p 进行定义且赋初值的语句中正确的是________。

A) float * p=1024;　　B) int * p=(float)x;

C) float p=&x;　　D) float * p=&x;

(20) 有以下程序:

```
#include<stdio.h>
main()
{
    int n, * p = NULL;
    * p = &n;
    printf("Input n:");
    scanf(" %d",&p);
    printf(output n:);
    printf(" %d\n",p);
}
```

该程序试图通过指针 p 为变量 n 读入数据并输出,但程序有多处错误,以下语句正确的是________。

A) int n, *p=NULL;　　B) *p=&n;

C) scanf("%d",&p);　　D) printf("%d\n",p);

(21) 若有定义语句"int a[2][3], *p[3];",则以下语句中正确的是________。

A) p=a;　　B) p[0]=a;　　C) p[3]=&a[1][2];　　D) p[1]=&a;

2. 填空题

(1) 设有以下定义和语句:

```
int a[3][2] = {10, 20, 30, 40, 50, 60},( * p)[2]; p = a;
```

则 *(*(p+2)+1)的值为 __【1】__。

(2) 以下程序的定义语句中,x[1]的初值是 __【2】__,程序运行后输出的内容是 __【3】__。

```
#include<stdio.h>
int main(void)
{
  int x[ ] = {1,2,3,4,5,6,7,8,9,10,11,12,13,14,15,16}, * p[4], i;
  for(i = 0; i<4; i ++ )
  { p[i] = &x[2 * i + 1];
    printf(" %d", p[i][0]);
  }
    printf("\n");
}
```

(3) 以下程序的输出结果是 __【4】__。

```
#include<stdio.h>
void main(void)
{
    int a[5] = {2, 4, 6, 8, 10}, * p = a;
    p ++ ;
    printf(" %d", * p);
}
```

(4) 以下程序的功能是:利用指针指向三个整型变量,并通过指针运算找出三个数中的最大值,输出到屏幕上,请填空。

```
main()
{
  int x,y,z,max, * px, * py, * pz, * pmax;
  scanf("%d%d%d",&x,&y,&z);
  px = &x; py = &y; pz = &z; pmax = &max;
  __【5】__;
```

```
    if( * pmax< * py) * pmax = * py;
    if( * pmax< * pz) * pmax = * pz;
    printf("max = %d\n",max);
}
```

(5) 以下程序的输出结果是 __【6】__。

```
#include<stdlib.h>
main()
{
    char * s1, * s2,m;
    s1 = s2 = (char * )malloc(sizeof(char));
    * s1 = 15; * s2 = 20; m = * s1 + * s2;
    printf("%d\n",m);
}
```

第 7 章　字符串习题

1. 选择题

(1) 有定义语句：

```
int b;
char c[10];
```

则正确的输入语句是________。

A) scanf("%d%s", &b, &c);　　B) scanf("%d%s", &b, c);

C) scanf("%d%s", b, c);　　D) scanf("%d%s", b, &c);

(2) 有以下程序：

```
#include<stdio.h>
#include<string.h>
int main(void)
{
char a[]={'a','b','c','d','e','f','g','h','\0'};
int i, j;
i=sizeof(a);
j=strlen(a);
printf("%d,%d\b", i, j);
}
```

程序运行后的输出结果是________。

A) 9,9　　B) 8,9　　C) 1,8　　D) 9,8

(3) 以下程序的输出结果是________。

```
int main(void)
{
  char ch[2][5]={"6937","8254"}, *p[2];
  int i, j, s=0;
  for(i=0; i<2; i++)
    p[i]=ch[i];
  for(i=0; i<2; i++)
```

```
    for(j = 0; p[i][j]>'\0'; j += 2)
      s = 10 * s + p[i][j] - '0';
  printf("%d\n", s);
}
```

A) 69825　　B) 63825　　C) 6385　　D) 693825

(4) 下面程序段的运行结果是________。

```
char str[] = "ABC", * p = str;
printf("%d\n", * (p + 3));
```

A) 67　　B) 0　　C) 字符 C 的地址　　D) 字符 C

(5) 以下语句的输出结果是________。

```
printf("%d\n",strlen("\t\"\065\xff\n"));
```

A) 5　　B) 14

C) 8　　D) 输出项不合法,无正常输出

(6) 以下不正确的定义语句是________。

A) double x[5]={2.0, 4.0, 6.0, 8.0, 10.0};

B) int y[5]={0, 1, 3, 5, 7, 9}

C) char c1[ ]={'1','2','3','4','5'};

D) char c2[ ]={'\x10','\xa','\x8'};

(7) 下面说法中正确的是________。

A) "char * a="china"; "等价于 "char * a; * a="china";"

B) "char str[5]={"china"};" 等价于"char str[ ]={"china"};"

C) "char * s="china"; "等价于 "char * s; s="china";"

D) "char c[4]="abc", d[4]="abc"; "等价于"char c[4]=d[4]="abc";"

(8) 下面程序段的运行结果是________。

```
char * s = "abcde";
s += 2; printf("%d", s);
```

A) cde　　B) 字符 c

C) 字符 c 的地址　　D) 无确定的输出结果

(9) 若有说明:

```
char * c[] = {"European","Asian","American","African"};
```

则下列叙述中正确的是________。

A) *(c+1)='A'

B) c 是一个字符型指针数组,分别指向了"European"、"Asian"、"American"和"African"

C) c[3]表示字符串"American"的首地址

D) c 是包含 4 个元素的字符型数组,每个元素都存储了一个字符串

(10) 下面说明不正确的是________。

A) char a[10]="china";

B) char a[10], * p=a; p="china";

C) char * a; a="china";

D) char a[10], * p; p=a="china";

(11) 下面程序的运行结果是________。

```
#include<stdio.h>
main()
{
    char a[] = "morning", t;
    int i, j = 0;
    for(i = 1; i<7; i++)
        if(a[j]< a[i]) j = i;
    t = a[j]; a[j] = a[7];a[7] = a[j]; puts[a];
}
```

A) mrgninr　　B) mo　　C) moring　　D) morning

(12) 下面程序的输出结果是________。

```
#include<stdio.h>
#include<string.h>
main()
{
    char * p1 = "abc", * p2 = "ABC", str[50] = "xyz";
    strcpy(str + 2, strcat(p1, p2));
    printf(" %s\n", str);
}
```

A) xyzabcABC　　B) zabcABC　　C) xyabcABC　　D) yzabcABC

(13) 若有定义：

char * st = "how are you";

下列程序段中正确的是________。

A) char a[11], * p; strcpy(p=a+1, &st[4]);

B) char a[11]; strcpy(++a, st);

C) char a[11]; strcpy(a, st);

D) char a[ ], * p; strcpy(p=&a[1], st+2);

(14) 下列选项中错误的是________。

A) char a[]={'t','o','y','o','u','\0'};

B) char a[]={"toyou\0"};

C) char a[]="toyou\0";

D) char a[]='toyou\0';

(15) 下面程序段的输出结果是________。

#include"stdio.h"

```
#include"string.h"
main()
{
char a[3][20]={{"china"},{"isa"},{"bigcountry!"}};
    char k[100]={0},*p=k;
    int i;
    for(i=0;i<3;i++)
        p=strcat(p,a[i]);
    i=strlen(p);
    printf("%d\n",i);
}
```

A) 18　　B) 19　　C) 20　　D) 21

(16) 下面对C语言中字符型数组的描述错误的是________。

A) 字符数组的下标从0开始

B) 字符数组中的字符串可以进行整体输入/输出

C) 可以在赋值语句中通过赋值运算符"="对字符数组整体赋值

D) 字符数组可以存放字符串

(17) 当运行以下程序时，从键盘输入"AhaMA 空格 Aha<Enter>"，则运行结果是________。

```
#include<stdio.h>
main()
{
    char s[80],c='a';
    int i=0;
    scanf("%s",s);
    while(s[i]!='\0')
    { if(s[i]==c)   s[i]-32;
     else if(s[i]==c-32) s[i]=s[i]+32;
    i++;
     }
    puts(s);
}
```

A) ahaMa　　B) AbAMa　　C) AhAMa 空格 ahA　　D) ahAMa 空格 ahA

(18) 下面程序段的运行结果是________。

```
char a[]="lanuage",*p;
p=a;
while(*p!='u'){ printf("%c",*p-32); p++;}
```

A) LANGUAGE　　B) language　　C) LAN　　D) langUAGE

(19) 下列关于字符串的说法错误的是________。

A) 在C语言中,字符串用字符型一维数组来存放的,并以“\0”作为串结束标志

B) “\0”作为标志占用存储空间,计入串的实际长度

C) 在表示字符串常量的时候不需要人为在其末尾加入“\0”

D) 在C语言中,字符串常量隐含处理成以“\0”结束

(20) 下面程序执行后的结果是________。

```
#include"stdio.h"
main()
{
    char str[]="tomeetme",*p;
    for(p=str;p<str+7;p+=2)putchar(*p);
    printf("\n");
}
```

A) tomeetme　　B) tmem　　C) oete　　D) tome

(21) 若有如下程序段:

```
#include"stdio.h"
#include"string.h"
main()
{  char a[ ]="acfijk";
   char b[ ]="befijklqswz";
   char c[80],*p;
   int i=0,j=0,k=0;
   while(a[i]!='\0'&&b[j]!='\0')
   {  if(a[i]<b[j])c[k++]=a[i++];
      else if(a[i]>b[j])c[k++]=b[j++];
      else{ c[k++]=b[j++];i++;}
}
    while(a[i]=='\0'&&b[j]!='\0')
          c[k++]=b[j++];
    while(a[i]!='\0'&&b[j]=='\0')
          c[k++]=a[i++];
    c[k]='\0';
    puts(c);
}
```

则输出结果是________。

A) acfijkbefijklqswz　　B) abceffiijjkklqswz

C) befijklqswz acfijk　　D) abcefijklqswz

(22) 下面程序段的运行结果是________。

```
char *p="abcdefgh";
p+=3;
printf("%d\n",strlen(strcpy(p,"ABCD")));
```

A) 8　　B) 12　　C) 4　　D) 7

(23) 有以下定义语句：

```
char s[10];
```

若要从终端给 s 输入 5 个字符，错误的输入语句是________。

A) gets(&s[0]);　　B) scanf("%s",s+1);

C) gets(s);　　D) scanf("%s",s[1]);

(24) 有以下程序：

```
#include<string.h>
int main()
{
    char p[]={'a','b','c'}, q[10]={'a','b','c'};
    printf("%d%d\n",strlen(p), strlen(q));
}
```

以下叙述中正确的是________。

A) 在给 p 和 q 数组置初值时系统会自动添加字符串结束符，输出的长度都为 3

B) 由于 p 数组中没有字符串结束符，长度不能确定，但 q 数组中字符串长度为 3

C) 由于 q 数组中没有字符串结束符，长度不能确定，但 p 数组中字符串长度为 3

D) 由于 p 和 q 数组中都没有字符串结束符，故长度都不能确定

(25) 下面程序段的运行结果是________。

```
char str[]="ABC", *p=str;
printf("%d\n", *(p+3));
```

A) 67　　B) 0　　C) 字符 C 的地址　　D)字符 C

(26) 有以下程序：

```
#include<string.h>
main()
{
 char p[20]={'a','b','c','d'},q[]="abc", r[]="abcde";
 strcpy(p+strlen(q),r); strcat(p,q);
 printf("%d%d\n",sizeof(p),strlen(p));
}
```

程序运行后的输出结果是________。

A) 20 9　　B) 9 9　　C) 20 11　　D) 11 11

(27) 有以下程序：

```
#include<string.h>
```

```
main()
{
    char p[20] = {'a','b','c','d'},q[] = "abc", r[] = "abcde";
    strcat(p,r); strcpy(p + strlen(q),q);
    printf("%d\n",strlen(p));
}
```

程序运行后的输出结果是________。

A) 9　　B) 6　　C) 11　　D) 7

(28) 有以下程序:

```
main()
{
char ch[] = "uvwxyz", * pc;
pc = ch; printf("%c\n", * (pc + 5));
}
```

程序运行后的输出结果是________。

A) z　　B) 0

C) 元素 ch[5]的地址　　D) 字符 y 的地址

(29) 有以下程序段:

```
int j; float y; char name[50];
scanf("%2d%f%s",&j,&y,name);
```

当执行上述程序段,从键盘上输入"55566 7777abc"后,y 的值为________。

A) 55566.0　　B) 566.0　　C) 7777.0　　D) 566777.0

(30) 设有定义"char p[]={'1','2','3'}, * q=p;",以下不能计算出一个 char 型数据所占字节数的表达式是________。

A) sizeof(p)　　B) sizeof(* p)　　C) sizeof(* q)　　D) sizeof(p[0])

(31) 以下关于字符串的叙述中正确的是________。

A) C 语言中有字符串类型的常量和变量

B) 两个字符串中的字符个数相同时才能进行字符串大小的比较

C) 可以用关系运算符对字符串的大小进行比较

D) 空串一定比空格打头的字符串小

2. 填空题

(1) 以下程序实现从输入的 10 个字符串中找出最长的那个串,请填空。

```
#include<stdio.h>
#include<string.h>
#define N 10
int main(void)
```

```
{
char str[N][81], * sp;
    int i;
    for(i = 0; i<N; i ++ ) gets(str[i]);
    sp = str[0];
    for(i = 1; i<N; i ++ )
        if(strlen(sp)<strlen(str[i]))
                    【1】   ;
    printf("输出最长的那个串:\n%s\n", sp);
    printf("输出最长的那个串的长度:%d\n", strlen(sp));
}
```

(2) 有下列程序,功能是把输入的十进制长整型数转换为十六进制的形式输出,完成程序。

```
#include"stdio.h"
void main()
{
    char b[17] = {"0123456789ABCDEF"};
    int c[50], d, i = 0, base = 16;
    long n;
    scanf(" %ld", &n);
do{
        c[i] = n % base;
        i ++ ;
        n =  【2】  ;
   }while(n! = 0);
   for( -- i;i> = 0; -- i)
   {
    d =  【3】  ;
    printf(" %c",b[d]);
   }
  printf("H\n");
}
```

(3) 下面程序的功能是将一个字符串 str 的内容颠倒过来,请填空。

```
#include<string.h>
main()
{ int i,j,  【4】  ;
char str[] = {"1234567"};
for(i = 0,j = strlen(str)  【5】  ; i<j; i ++ ,j -- )
```

```
{ k = str[i]; str[i] = str[j];str[j] = k;}
printf("%s\n",str);
}
```

(4) 下面程序的功能是从键盘输入一行字符,统计单词的个数,单词间用空格分隔,请填空。

```
#include<stdio.h>
void main(void)
{
char s[80], c1, c2 = ' ';
  int i = 0, num = 0;
  gets(s);
  while(s[i]! = '\0')
  {
   c1 = s[i];
   if(i == 0) c2 = ' ';
   else c2 = s[i - 1];
   if( 【6】 ) num ++ ;
   i ++ ;
  }
  printf("There are %d words, \n", num);
}
```

(5) 下面程序的功能是将字符数组 a 中下标值为偶数的元素从小到大排列,其他元素不变,请填空。

```
#include<stdio.h>
#include<string.h>
void main(void)
{
    char a[ ] = "clanguage", t;
    int i, j, k;
    k = strlen(a);
    for(i = 0; i< = k - 2; i += 2)
        for(j = i + 2; j< = k; j += 2)
            if( 【7】 )
              {t = a[i];a[i] = a[j]; a[j] = t;}
    puts(a);
    printf("\n");
}
```

(6) 以下程序的输出结果是 【8】 。

```
main()
{
char s[] = "ABCD", * p;
for(p = s + 1; p<s + 4; p ++ ) printf (" % s\n",p);
}
```

(7) 以下程序的输出结果是 __【9】__ 。

```
#include<string.h>
main()
{
  printf(" % d\n",strlen("IBM\n012\1\\"));
}
```

(8) 以下程序的输出结果是 __【10】__ 。

```
#include<string.h>
main()
{
  char a[] = {'\1','\2','\3','\4','\0'};
  printf(" % d % d\n",sizeof(a),strlen(a));
}
```

第 8 章　函数习题

1. 选择题

(1) 若有以下程序：

```
float fun(int x, int y)
{
  return(x + y);
}
void main(void)
{
  int a = 2, b = 5,c = 8;
  printf(" %3.0f\n",fun((int)fun(a + c,b),a - c));
}
```

程序运行后的输出结果是________。

A) 编译出错　　B) 9　　C) 21　　D) 9.0

(2) 下列程序执行后的输出结果是________。

```
void func(int * a, int b[ ])
{
  b[0] = * a + 6;
}
main()
{
  int a, b[5];
  a = 0; b[0] = 3;
  func(&a,b);
  printf(" %d\n",b[0]);
}
```

A) 6　　B) 7　　C) 8　　D) 9

(3) 若有以下程序：

```
void ss(char * s, char t)
```

```
{
  while( * s)
  { if( * s == t)
   * s = t - 'a' + 'A';
   s ++ ;
  }
}
int main(void)
{
  char str1[100] = "abcddfefdbd", c = 'd';
  ss(str1, c);
  printf(" % s\n",str1);
}
```

程序运行后的输出结果是________。

A) ABCDDEFEDBD　　B) abcDDfefDbD

C) abcAAfefAbA　　D) Abcddfefdbd

(4) 设函数 fun 的定义形式为：

void fun(char ch, float x) {…}

则以下对函数 fun 的调用语句中，正确的是________。

A) fun("abc",3.0);　　B) t=fun('D',16.5);

C) fun('65',2.8);　　D) fun(32,32);

(5) 以下程序的输出结果是________。

```
void reverse(int a[], int n)
{
  int i,t;
  for(i = 0;i< n/2;i ++ )
      { t = a[i]; a[i] = a[n - 1 - i]; a[n - 1 - i] = t;}
}
int main(void)
{
   int b[10] = {1, 2, 3, 4, 5, 6, 7, 8, 9, 10};
   int i, s = 0;
   reverse(b, 8);
   for(i = 6; i<10; i ++ ) s += b[i];
       printf(" % d\n",s);
}
```

A) 22　　B) 10　　C) 34　　D) 30

(6) 阅读下列程序，当运行函数时，输入“asd af aa z67”，则输出结果是________。

```
#include<stdio.h>
#include<ctype.h>
#include<string.h>
int fun(char *str)
{
    int i, j=0;
    for(i=0; str[i]!='\0'; i++)
        if(str[i]!=' ')str[j++]=str[i];
    str[j]='\0';
}
int main(void)
{
  char str[81];
  int n;
  clrscr();
  printf("Input a string :");
  gets(str);
  puts(str);
  fun(str);
  printf("%s\n", str);
}
```

A) asdafaaz67　B) asd af aa z67　C) asd　D) z67

(7) 假定以下程序经编译和连接后生成可执行文件 PROG.EXE，如果在此可执行文件所在目录的 DOS 提示符下键入“PROG ABCDEFGH IJKL<Enter>”，则输出结果为________。

```
main(int argc, char *argv[ ])
{
  while(--argc > 0)
  printf("%s", argv[argc]);
  printf("\n");
}
```

A) ABCDEFG　B) IJHL　C) ABCDEFGHIJKL　D) IJKLABCDEFGH

(8) 下列说法错误的是________。

A) 函数调用时，函数名必须与所调用的函数名字完全相同

B) 实参的个数必须与形式参数的个数一致

C) 实参可以是表达式，在类型上必须与形参一一对应

D) 函数必须先定义，后调用(函数的返回值类型为 int 或 char 时除外)

(9) 以下叙述正确的是________。

A）构成C程序的基本单位是函数
B）可以在一个函数中定义另一个函数
C）main()函数必须放在其他函数之前
D）所有被调用的函数一定要在调用之前进行定义

（10）以下函数返回给定数组中最小值的下标值。

```
fun(int * a, int n)
{
    int i, j = 0, p;
    p = j;
    for(i = j; i<n; i++)
        if(a[i]<a[p]);
            ________;
  return(p);
}
```

则在下画线处应填入的是________。

A）i = p　　B）a[p] = a[i]　　C）p = j　　D）p = i

（11）以下程序中函数 sort 的功能是对 a 数组中的数据进行由大到小的排序。

```
void sort(int a[ ], int n)
{
    int i, j, t;
    for(i = 0; i<n-1; i++)
        for(j = i+1;j<n;j++)
            if(a[i]<a[j]){t = a[i];a[i] = a[j];a[j] = t;}
}
main()
{
    int aa[10] = {1, 2, 3, 4, 5, 6, 7, 8, 9, 10}, i;
    sort(&aa[3], 5);
    for(i = 0; i<10; i++)printf("%d,",aa[i]);
    printf("\n");
}
```

程序运行后的输出结果是________。

A）1,2,3,4,5,6,7,8,9,10,　　B）10,9,8,7,6,5,4,3,2,1,
C）1,2,3,8,7,6,5,4,9,10,　　D）1,2,10,9,8,7,6,5,4,3,

（12）若有以下程序：

```
#include<stdio.h>
void fun(int s[ ])
{
```

```
    static int j = 0;
    do
      s[j] += s[j + 1];
    while( ++j< 2);
}
void main(void)
{
    int k, a[10] = {1, 2, 3, 4, 5};
    for(k = 1; k<3; k++ ) fun(a);
    for(k = 0; k<5; k++ ) printf("%d", a[k]);
}
```

则程序输出的结果是________。

A) 34756　　B) 23445　　C) 35745　　D) 12345

(13) 下列程序的运行结果是________。

```
#include<stdio.h>
void abc(char * str)
{
    int a, b;
    for(a = b = 0; str[a]! = '\0'; a++ )
      if(str[a]! = 'c')
          str[b++ ] = str[a];
    str[b] = '\0';}
void main(void)
{
    char str[ ] = "abcdef";
    abc(str);
    printf("str[ ] = %s", str);
}
```

A) str[ ] = abdef　　B) str[ ] = abcdef

C) str[ ] = a　　D) str[ ] = ab

(14) 不合法的 main 函数命令行参数表示形式是________。

A) main(int a, char * c[])

B) main(int arc, char * * arv)

C) main(int argc, char * argv)

D) main(int argv, char * argc[])

(15) 下列程序的运行结果是________。

```
#include"stdio.h"
fun()
```

```
{
    static int x = 5;
    x++;
    return x;
}
main()
{
    int i, x;
    for(i = 0; i<3; i++)
        x = fun();
    printf("%d\n", x);
}
```

A) 5　　B) 6　　C) 7　　D) 8

(16) 以下对 C 语言函数的有关描述，正确的是________。

A) 调用函数时，只能把实参的值传给形参，形参的值不能传送给实参

B) C 函数既可以嵌套定义又可以递归调用

C) 函数必须有返回值，否则不能使用函数

D) 函数必须有返回值，返回值的类型可以不定

(17) 以下程序的输出结果是________。

```
#include<stdio.h>
int a[ ] = {2, 4, 6, 8};
main()
{
  int i;
  int *p = a;
  for(i = 0; i<4; i++)a[i] = *p;
  printf("%d\n", a[2]);
}
```

A) 6　　B) 8　　C) 4　　D) 2

(18) 下列程序用来判断数组中特定元素所在的位置，其输出结果是________。

```
#include<stdio.h>
int fun(int *s, int t, int *k)
{
  int i;
  *k = 0;
  for(i = 0; i<t; i++)
    if(s[*k]< s[i]) *k = i;
  return s[*k];
```

```
}
main()
{
  int a[10] = { 876, 675, 896, 101, 301, 401, 980, 431, 451, 777}, k;
  fun(a, 10, &k);
  printf("%d, %d\n", k, a[k]);
}
```

A) 7,431　　B) 6　　C) 980　　D) 6,980

(19) 以下程序的输出结果是________。

```
int f()
{
  static int i = 0;
  int s = 1;
  s += i; i++ ;
  return s;
}
main()
{
  int i, a = 0;
  for(i = 0;i<5;i++)a += f();
  printf("%d\n",A) ;
}
```

A) 20　　B) 24　　C) 25　　D) 15

(20) 以下叙述中正确的是________。

A) 构成 C 程序的基本单位是函数

B) 可以在一个函数中定义另一个函数

C) main()函数必须放在其他函数之前

D) C 函数定义的格式是 K&R 格式

(21) 若有以下函数：

```
char * fun(char * p)
{ return p; }
```

该函数的返回值是________。

A) 无确切的值　　B) 形参 p 中存放的地址值

C) 一个临时存储单元的地址　　D) 形参 p 自身的地址值

(22) 有以下函数定义：

```
int mypr(double a, double b)
{ return a * b; }
```

则错误的函数调用是________。

A) if(mypr(x,y)){…}

B) z=mypr(mypr(x,y),mypr(x,y));

C) z=mypr(mypr(x,y)x,y);

D) mypr(x,y);

(23) 以下程序的输出结果是________。

```
#include<stdio.h>
int a[3][3] = {1, 2, 3, 4, 5, 6, 7, 8, 9}, *p;
main()
{
    p = (int *)malloc(sizeof(int));
    f(p, a);
    printf("%d\n", *p);
    free(p);
}
f(int *s, int p[][3])
{ *s = p[1][1];}
```

A) 1　　B) 4　　C) 7　　D) 5

(24) 以下程序的输出结果是________。

```
void fun (float *p1, float *p2, float *s)
{
  s = (float *)calloc(1,sizeof(float));
  *s = *p1 + *p2 ++ ;
}
main()
{
  float a[2] = {1.1, 2.2}, b[2] = {10.0, 20.0}, *s = a;
  fun(a, b, s);
  printf("%5.2f\n", *s);
}
```

A) 11.10　　B) 12.00　　C) 21.10　　D) 1.10

(25) 有以下程序:

```
int f(int n)
{
  if(n == 1) return 1;
  else return f(n - 1) + 1;
}
main()
{
```

```
  int i, j = 0;
  for(i = 1;i<3;i ++ ) j += f(i);
  printf(" %d\n", j);
}
```

程序运行后的输出结果是________。

A) 4　　B) 3　　C) 2　　D) 1

(26) 在C语言中,变量的隐含存储类别是________。

A) auto　　B) static　　C) extern　　D) 无存储类别

(27) 下面关于return语句的使用格式和描述错误的是________。

A) return 表达式;

B) return(表达式);

C) 一个return语句可以返回多个函数值

D) 一个return语句只能返回一个函数值

(28) 下列函数的运行结果是________。

```
main()
{
int i = 2, p;
  int j, k;
  j = i;
  k = ++i;
  p = f(j, k);
  printf(" %d", p);
}
int f(int a, int b)
{
  int c;
  if(a > b) c = 1;
  else if(a == b) c = 0;
  else c = -1;
  return(c);
}
```

A) -1　　B) 1　　C) 2　　D) 编译出错,无法运行

(29) 以下程序的执行结果是________。

```
fun(int i, int j)
{
  i ++ ; j ++ ;
  return i + j;
}
```

```
main()
{
  int a = 1, b = 2, c = 3;
  c += fun(a, b) + a;
  printf("%d, %d, %d\n", a, b, c);
}
```

A) 1,2,9　　B) 2,3,10　　C) 1,2,10　　D) 2,3,9

(30) 下列程序的输出结果是________。

```
#include"stdio.h"
#define N 3
#define M 3
void fun(int a[M][N])
{  printf("%d\n", *(a[1] + 2));}
main()
{
  int a[M][N];
  int i,j;
  for(i = 0;i<M;i++)
     for(j = 0;j<N;j++)
          a[i][j] = i + j - (i - j);
  fun(a) ;
}
```

A) 3　　B) 4　　C) 5　　D) 6

(31) 有如下程序：

```
long fib(int n)
{
  if(n>2)return(fib(n - 1) + fib(n - 2));
  else return(2);
}
main()
{ printf("%d\n",fib(3));}
```

该程序的输出结果是________。

A) 2　　B) 4　　C) 6　　D) 8

(32) 下面函数的功能是________。

```
char * fun(char * str1, char * str2)
{
  while(( * str1)&&( * str2 ++= * str1 ++ ));
  return str2;
```

```
}
```

A）求字符串的长度

B）比较两个字符串的大小

C）将字符串 str1 复制到字符串 str2 中

D）将字符串 str1 接续到字符串 str2 中

（33）以下正确的说法是________。

A）定义函数时，形参的类型说明可以放在函数体内

B）return 后边的值不能为表达式

C）如果函数值的类型与返回值类型不一致时，以函数值类型为准

D）如果形参与实参类型不一致时，以实参类型为准

（34）下面函数调用语句含有实参的个数是________。

```
func((exp1,exp2),(exp3,exp4,exp5));
```

A）1　　B）2　　C）4　　D）5

（35）关于语句“int(* ptr)();”的说法正确的是________。

A）ptr 是指向一个维数组的指针变量

B）ptr 是指向 int 型数据的指针变量

C）ptr 是指向函数的指针，该函数返回一个 int 型数据

D）ptr 是一个函数名，该函数的返回值是指向 int 型数据的指针

（36）以下程序的输出结果是________。

```
long fun(int n)
{
  long s;
  if(n == 1 || n == 2)s = 2;
  else s = n - fun(n - 1);
  return s;
}
main()
{ printf("%ld\n", fun(3)); }
```

A）1　　B）2　　C）3　　D）4

（37）以下程序的运行结果是________。

```
#include<stdio.h>
void fun(int * s, int n1, int n2)
{
  int i, j, t;
  i = n1; j = n2;
  while(i<j)
  {t = s[i]; s[i] = s[j]; s[j] = t; i++ ; j-- ;}
}
```

```
main()
{
   int a[10] = {1,2,3,4,5,6,7,8,9,0}, k;
   fun(a,0,3); fun(a,4,9); fun(a,0,9);
   for(k = 0; k<10; k++) printf("%d",a[k]); printf("\n");
}
```

A) 0987654321　B) 4321098765　C) 5678901234　D) 0987651234

(38) 以下程序的运行结果是________。

```
#include<stdio.h>
#include<string.h>
void fun(char *s[ ], int n)
{
   char *t; int i, j;
   for(i = 0; i<n-1; i++)
   for(j = i+1;j<n;j++)
        if(strlen(s[i]) > strlen(s[j]))
              {t = s[i];s[i] = s[j];s[j] = t;}
}
main()
{
   char *ss[] = {"bcc","bbcc","xy","aaaacc","aabcc"};
   fun(ss,5);
   printf("%s, %s\n",ss[0],ss[4]);
}
```

A) xy,aaaacc　B) aaaacc,xy　C) bcc,aabcc　D) aabcc,bcc

(39) 以下程序的运行结果是________。

```
#include<stdio.h>
int f(int x)
{
   int y;
   if(x == 0||x == 1) return(3);
   y = x*x - f(x-2);
   return y;
}
main()
{
   int z;
   z = f(3);
```

```
printf("%d\n", z);
}
```

A) 0　　B) 9　　C) 6　　D) 8

(40) 在C语言中,只有在运行到其所在的语句时才占用内存单元的变量的存储类型是________。

A) auto 和 register　　B) extern 和 register

C) auto 和 static　　D) static 和 register

(41) 设有定义语句:

```
int (*f)(int);
```

则以下叙述正确的是________。

A) f是基类型为int的指针变量

B) f是指向函数的指针变量,该函数具有一个int类型的形参

C) f是指向int类型一维数组的指针变量

D) f是函数名,该函数的返回值是基类型为int类型的地址

(42) 在C语言中,函数返回值的类型最终取决于________。

A) 函数定义时在函数首部所说明的函数类型

B) return语句中表达式值的类型

C) 调用函数时主函数所传递的实参类型

D) 函数定义时形参的类型

(43) 有以下函数:

```
int fun(char *s)
{
    char *t = s;
    while(*t++);
    return(t - s);
}
```

该函数的功能是________。

A) 比较两个字符串的大小

B) 计算s所指字符串占用内存字节的个数

C) 计算s所指字符串的长度

D) 将s所指字符串复制到字符串t中

(44) 以下程序中函数f的功能是:当flag为1时,进行由小到大排序;当flag为0时,进行由大到小排序。

```
void f(int b[],int n,int flag)
{
  int i,j,t;
  for(i = 0;i<n - 1;i ++)
    for(j = i + 1;j<n;j ++)
```

```
    if(flag? b[i]>b[j]:b[i]<b[j])
        { t = b[i];b[i] = b[j];b[j] = t; }
}
main()
{
  int a[10] = {5,4,3,2,1,6,7,8,9,10},i;
  f(&a[2],5,0); f(a,5,1);
  for(i = 0;i<10;i ++ ) printf("%d,",a[i]);
}
```

程序的运行结果是________。

A) 1,2,3,4,5,6,7,8,9,10, B) 3,4,5,6,7,2,1,8,9,10,

C) 5,4,3,2,1,6,7,8,9,10, D) 10,9,8,7,6,5,4,3,2,1,

(45) 有以下程序:

```
void f(int b[])
{
  int i;
  for(i = 2;i<6;i ++) b[i] * = 2;
}
main()
{
  int a[10] = {1,2,3,4,5,6,7,8,9,10},i;
  f(a);
  for(i = 0;i<10;i ++ ) printf("%d,",a[i]);
}
```

程序运行后的输出结果是________。

A) 1,2,3,4,5,6,7,8,9,10, B) 1,2,6,8,10,12,7,8,9,10,

C) 1,2,3,4,10,12,14,16,9,10, D) 1,2,6,8,10,12,14,16,9,10

(46) 有以下程序:

```
void f(int * q)
{
  int i = 0;
  for(;i<5;i ++ )( * q) ++ ;
}
main()
{
  int a[5] = {1,2,3,4,5},i;
  f(a);
  for(i = 0;i<5;i ++ )printf("%d,",a[i]);
```

```
}
```

A) 2,2,3,4,5,　　B) 6,2,3,4,5,

C) 1,2,3,4,5,　　D) 2,3,4,5,6,

(47) 有以下程序：

```
#include<string.h>
void f(char p[][10], int n) /* 字符串从小到大排序 */
{
  char t[10];
  int i,j;
  for(i=0;i<n-1;i++)
     for(j=i+1;j<n;j++)
     if(strcmp(p[i],p[j])>0)
          {strcpy(t,p[i]); strcpy(p[i],p[j]); strcpy(p[j],t); }
}
main()
{
  char p[5][10]={"abc","aabdfg","abbd","dcdbe","cd"};
  f(p,5);
  printf("%d\n",strlen(p[0]));
}
```

程序运行后的输出结果是________。

A) 2　　B) 4　　C) 6　　D) 3

(48) 有以下程序：

```
void f(int n, int *r)
{
  int r1=0;
  if(n%3==0) r1=n/3;
  else if(n%5==0) r1=n/5;
  else f(--n,&r1);
  *r=r1;
}
main()
{
  int m=7,r;
  f(m,&r);printf("%d\n",r);
}
```

程序运行后的输出结果是________。

A) 2　　B) 1　　C) 3　　D) 0

(49) 有以下程序：

```
main(int argc,char * argv[])
{
    int n = 0,i;
    for(i = 1;i<argc;i ++ ) n = n * 10 + * argv[i] - '0';
    printf(" %d\n",n);
}
```

编译连接后生成可执行文件 tt.exe，若运行时输入以下命令行：

tt 12 345 678

程序运行后的输出结果是________。

A) 12　　B) 12345　　C) 12345678　　D) 136

(50) 有以下程序：

```
int a = 4;
int f(int n)
{
  int t = 0; static int a = 5;
  if(n % 2)  {int a = 6; t += a ++ ;}
  else     {int a = 7; t += a ++ ;}
  return t + a ++ ;
}
main()
{
  int s = a,i = 0;
  for(;i<2;i ++ ) s += f(i);
  printf(" %d\n",s);
}
```

程序运行后的输出结果是________。

A) 24　　B) 28　　C) 32　　D) 36

(51) 若函数调用时实参为变量，以下关于形参和实参的叙述中正确的是________。

A) 函数的实参和其对应的形参共占同一存储单元

B) 形参只是形式上的存在，不占用具体存储单元

C) 同名的实参和形参占同一存储单元

D) 函数的形参和实参分别占用不同的存储单元

(52) 以下叙述错误的是________。

A) 改变函数形参的值，不会改变对应实参的值

B) 函数可以返回地址值

C) 可以给指针变量赋一个整数作为地址值

D) 当在程序的开头包含头文件 stdio. h 时,可以给指针变量赋 NULL

(53) 有以下函数:

```
int aaa(char * s)
{
  char * t = s;
  while( * t ++ );
  t -- ;
  return(t - s);
}
```

以下关于 aaa 函数的功能的叙述正确的是________。

A) 求字符串 s 的长度　　B) 比较两个串的大小

C) 将串 s 复制到串 t　　D) 求字符串 s 所占字节数

(54) 有以下程序:

```
#include<stdio.h>
void fun(char * * p)
{ ++ p; printf("%s\n", * p); }
main()
{
    char * a[] = {"Morning","Afternoon","Evening","Night"};
    fun(a);
}
```

程序运行后的输出结果是________。

A) Afternoon　B) fternoon　C) Morning　D) orning

(55) 有以下程序:

```
#include<stdio.h>
void fun(int * a,int n) /* 函数的功能是将 a 所指数组元素从大到小排序 */
{
  int t,i,j;
  for(i = 0;i<n - 1;i ++ )
      for(j = i + 1;j<n;j ++ )
            if(a[i]<a[j]) {t = a[i];a[i] = a[j];a[j] = t;}
}
main()
{
  int c[10] = {1,2,3,4,5,6,7,8,9,0},i;
  fun(c + 4,6);
  for(i = 0;i<10;i ++ ) printf("%d,",c[i]);
```

```
  printf("\n");
}
```

程序运行后输出的结果是________。

A) 1,2,3,4,5,6,7,8,9,0,　　B) 0,9,8,7,6,5,1,2,3,4,

C) 0,9,8,7,6,5,4,3,2,1,　　D) 1,2,3,4,9,8,7,6,5,0,

(56) 有以下程序:

```
#include<stdio.h>
int fun(char s[])
{
  int n=0;
  while(*s<='9'&&*s>='0') {n=10*n+*s-'0';s++;}
  return(n);
}
main()
{
  char s[10]={'6','1','*','4','*','9','*','0','*'};
  printf("%d\n",fun(s));
}
```

程序运行后输出的结果是________。

A) 9　　B) 61490　　C) 61　　D) 5

(57) 有以下程序:

```
#include<stdio.h>
void fun(char *t,char *s)
{
  while(*t!=0) t++;
  while((*t++=*s++)!=0);
}
main()
{
  char ss[10]="acc",aa[10]="bbxxyy";
  fun(ss,aa); printf("%s,%s\n",ss,aa);
}
```

程序运行后的输出结果是________。

A) accxyy,bbxxyy　　B) acc,bbxxyy

C) accxxyy,bbxxyy　　D) accbbxxyy,bbxxyy

(58) 有以下程序:

```
#include<stdio.h>
#include<string.h>
```

```
void fun(char s[][10],int n)
{
  char t; int i,j;
  for(i = 0;i<n - 1;i ++ )
    for(j = i + 1;j<n;j ++ )
      /* 比较字符串的首字符大小,并交换字符串的首字符 */
      if(s[i][0]>s[j][0]) {t = s[i][0];s[i][0] = s[j][0];s[j][0] = t;}
}
main()
{
  char ss[5][10] = {"bcc","bbcc","xy","aaaacc","aabcc"};
  fun(ss,5);  printf("%s,%s\n",ss[0],ss[4]);
}
```

程序运行后的输出结果是________。

A) xy,aaaacc　B) aaaacc,xy　C) xcc,aabcc　D) acc,xabcc

(59) 在一个C源程序文件中所定义的全局变量,其作用域为________。

A) 所在文件的全部范围

B) 所在程序的全部范围

C) 所在函数的全部范围

D) 由具体定义位置和 extern 说明来决定范围

(60) 有以下程序:

```
#include<stdio.h>
int a = 1;
int f(int c)
{
  static int a = 2;
  c = c + 1;
  return (a ++ ) + c;
}
main()
{
  int i,k = 0;
  for(i = 0;i<2;i ++ ) {int a = 3;k += f(a); }
  k += a;
  printf("%d\n",k);
}
```

程序运行后的输出结果是________。

A) 14　B) 15　C) 16　D) 17

(61) 有以下程序：

```
#include<stdio.h>
void fun(int n,int *p)
{
    int f1,f2;
    if(n==1||n==2) *p=1;
    else
    { fun(n-1,&f1); fun(n-2,&f2);
     *p=f1+f2;
    }
}
main()
{
    int s;
    fun(3,&s); printf("%d\n",s);
}
```

程序运行后的输出结果是________。

A) 2　　B) 3　　C) 4　　D) 5

2. 填空题

(1) 函数 void fun(float * sn, int n)的功能是：根据以下公式

$$s=\sum_{i=0}^{n}\frac{(-1)^i}{2*i+1}$$

计算 s,计算结果通过形参指针 sn 传回；n 通过形参传入，n 的值大于等于 0。请填空。

```
void fun(float * sn, int n)
{
        float s = 0.0, w, f = -1.0;
        int i = 0;
        for(i = 0; i<= n; i++)
        { f = ____【1】____ * f;
          w = f /(2 * i + 1);
          s += w;
        }
       ____【2】____ = s;
}
```

(2) 下列程序执行输出的结果是____【3】____。

```
#include<stdio.h>
f(int a)
{
  int b=0;
  static c=3;
  a=c++, b++;
  return(a);
}
void main(void)
{
  int a=2, i, k;
  for(i=0; i<2; i++)
        k=f(a++);
  printf("%d\n", k);
}
```

(3) 以下程序的功能是:删去一维数组中所有相同的数,使之只剩一个。数组中的数已按由小到大的顺序排列,函数返回删除后数组中数据的个数。

例如,若一维数组中的数据是“2 2 2 3 4 4 5 6 6 6 6 7 7 8 9 9 10 10 10”。

删除后,数组中的内容应该是“2 3 4 5 6 7 8 9 10”。请填空。

```
#include<stdio.h>
#define N 80
int fun(int a[ ], int n)
{
  int i,j=1;
  for(i=1; i<n; i++)
  if(a[j-1] ____【4】____ a[i])
        a[j++]=a[i];
  ____【5】____;
}
int main(void)
{
  int a[N]={ 2,2,2,3,4,4,5,6,6,6,6,7,7,8,9,9,10,10,10};
  int i, n=19;
  printf("The original data :\n");
  for(i=0; i<n; i++) printf("%3d",a[i]);
  n=fun(a, n);
  printf("\nThe data after deleted :\n");
  for(i=0; i<n; i++)
  printf("%3d",a[i]);
```

```
  printf("\n\n");
}
```

(4) 以下程序的输出结果是 __【6】__ 。

```
fun(int x, int y, int z)
{ z = x * x + y * y;}
main()
{
    int a = 31;
    fun(6, 3, a);
    printf("%d", a);
}
```

(5) 以下程序的输出结果是 __【7】__ 。

```
void fun()
{
  static int a = 0;
  a += 2; printf("%d", a) ;
}
main()
{
  int cc;
  for(cc = 1; cc<4; cc++)fun();
  printf("\n");
}
```

(6) 函数 my_cmp()的功能是比较字符串 s 和 t 的大小，当 s 等于 t 时返回 0，否则返回 s 和 t 的第一个不同字符的 ASCII 码差值，即 s > t 时返回正值，当 s< t 时返回负值。请填空。

```
my_cmp(char * s, char * t)
{
  while( * s == * t)
  { if( * s == '\0')return 0;
     ++s; ++t;
  } return __【8】__ ;
}
```

(7) 下面程序的运行结果是 __【9】__ 。

```
#include<stdio.h>
#define SIZE 12
main()
{
    char s[SIZE]; int i;
```

```
    for(i = 0; i< SIZE; i ++ )
        s[i] = 'A' + i + 32;
    sub(s, 7 ,SIZE - 1);
    for(i = 0;i< SIZE; i ++ )
        printf(" %c", s[i]);
    printf("\n");
}
sub(char * a, int t1,int t2)
{
    char ch;
    while (t1<t2)
    {
     ch = * (a + t1);
     * (a + t1) = * (a + t2);
     * (a + t2) = ch;
     t1 ++ ;t2 -- ;
    }
}
```

(8) 下面函数的功能是将一个字符串倒置，请填空。

```
void fun(char str[])
{
   int i, j, k;
   for(i = 0,j = 【10】 ; i<j; i ++ , j -- )
   {
    k = str[i];
    str[i] = str[j];
    str[j] = k;
   }
}
```

(9) 阅读下面程序，则程序的执行结果为 【11】 。

```
#include"stdio.h"
fun(int k, int * p)
{
    int a, b;
    if(k == 1 || k == 2)
          * p = 1;
    else
    {
        fun(k - 1, &a) ;
```

```
        fun(k - 2, &b);
        *p = a + b;
    }
}
main()
{
    int x;
    fun(6, &x);
    printf("%d\n", x);
}
```

(10) 以下函数 rotate 的功能是：将 a 所指 N 行 N 列的二维数组中的最后一行放到 b 所指二维数组的第 0 列中，把 a 所指二维数组中的第 0 行放到 b 所指二维数组的最后一列中，b 所指二维数组中其他数据不变。

```
#define N 4
void rotate(int a[][N], int b[][N])
{
    int i, j;
    for(i = 0; i<N; i++)
    { b[i][N - 1] = ____【12】____; ____【13】____ = a[N - 1][i]; }
}
```

(11) 阅读下面程序，则程序的执行结果为 ____【14】____。

```
#include"stdio.h"
main()
{ int a = 30, b = 20, z;
  z = fun(a + b,a - b);
  printf("%d\n", z);
}
fun(int a, int b)
{ int z;
  z = a / b;
  return z;
}
```

(12) 下述程序的输出结果是 ____【15】____。

```
#include<stdio.h>
int fun(int x)
{
int p;
  if(x == 0 || x == 1)
```

```
        return 3;
    else
  p = x - fun(x - 2);
    return p;
}
void main()
{ printf("\n%d", fun(9)); }
```

(13) 以下函数用来在 w 数组中插入 x。n 所指向的存储单元中存放 w 数组中字符个数。数组 w 中的字符已按从小到大的顺序排列,插入后数组 w 中的字符仍有序。请填空。

```
void fun(char *w, char x, int *n)
{  int i, p;
   p = 0;
   w[*n] = x;
   while(x>w[p])p++;
   for(i = *n; i > p; i--)
     w[i] = 【16】 ;
   w[p] = x;
   ++*n;
}
```

(14) mystrlen 函数的功能是计算 str 所指字符串的长度,并作为函数值返回。请填空。

```
int mystrlen(char *str)
{  int i;
   for(i = 0; 【17】 ! = '\0';i++);
   return(i);
}
```

(15) 下面程序的输出结果是 【18】 。

```
long fun(int n)
{
   long s;
   if((n == 1) || (n == 2))
        s = 2;
   else
       s = n + fun(n - 1);
   return(s);
}
main()
```

```
{
  long x;
  x = fun(4);
  printf("%ld\n", x);
}
```

(16) 以下程序运行结果是 【19】 。

```
#include<stdio.h>
long fib(int g)
{
  switch(g)
  { case 0: return 0;
    case 1:
    case 2: return 1;
  }
  return(fib(g-1) + fib(g-2));
}
main()
{
  long k;
  k = fib(5);
  printf("k = %5ld\n", k);
}
```

(17) 假设 try_me()函数在 a:\myfile.txt 文件中定义，则要使下面的程序正确运行，请填空。

```
  【20】
main()
{
  printf("\n");
  try_me();
  printf("\n");
}
```

(18) 本程序用改进冒泡法对数组 a[n]的元素从小到大排序，请填空。

```
void bubble(int a[], int n)
{
int j, k, jmax, temp;
    jmax = 【21】 ;
    do {
         k = 0;
```

```
            for(j = 0; j<jmax; j ++ )
                if(a[j] > a[j + 1])
                    { temp = a[j]; a[j] = a[j + 1];
                      a[j + 1] = temp; k = ____【22】____ ; }
            jmax = k;
        }while(jmax > 0);
    }
```

(19) 以下函数用来求出数组的最大元素在数组中的下标并存放在 k 所指的存储单元中。请填空。

```
#include<stdio.h>
int fun(int * s, int t, int * k)
{
  int i;
  * k = 0;
  ____【23】____
  if(s[ * k]<s[i]) * k = i;
  return ____【24】____ ;
}
main()
{
  int a[10] = { 876,675,896,101,301,401,980,431,451,777},k;
  fun(a, 10, &k);
  printf(" %d, %d\n", k, a[k]);
}
```

(20) 下列程序的运行结果是 ____【25】____ 。

```
#include<stdio.h>
main()
{
  int k = 4, m = 3,p;
  p = func(k,m);
  printf(" %d",p);
  p = func(k,m);
  printf(" %d\n",p);
}
func(int a, int b)
{
  static int m = 0, i = 2;
  i += m + 1;
```

```
  m = i + a + b;
  return(m);
}
```

(21) 以下程序运行结果是 __【26】__。

```
#include<stdio.h>
main()
{ int fun(); fun();}
fun()
{
  static int a[3] = {0, 1, 2};
  int i;
  for(i = 0;i<3;i++) a[i] += a[i];
  for(i = 0;i<3;i++) printf("%d,",a[i]);
  printf("\n");
}
```

(22) 下面函数的功能是找出一维数组中值最大的元素和它所在的下标，最大值和它所在的下标通过形参传回。请填空。

```
#include<stdlib.h>
#include<stdio.h>
#include<time.h>
void fun(int a[],int n, int *max, int *d)
{ int i;
  *max = a[0];
  *d = 0;
  for(i = 0; 【27】 ;i++)
      if(*max< 【28】 )
          { *max = a[i]; *d = i;}
}
main()
{
  int i, x[20], max, index, n = 10;
  srand(time(NULL));
  for(i = 0;i<n;i++)
    { x[i] = rand() % 50; printf("%4d", x[i]); }
  printf("\n");
  fun(x,n,&max,&index);
  printf("Max = %5d,Index = %4d\n", max, index);
}
```

(23) 下列程序输出的结果是 __【29】__。

```
fun(int x)
{ static int a = 3;
  a += x;
  return(a);
}
main()
{ int k = 2, m = 1, n;
  n = fun(k);
  n = fun(m);
  printf("%d\n", n);
}
```

(24) 以下程序的输出结果是 __【30】__。

```
#include<stdio.h>
void swap(int *a, int *b)
{
  int *t;
  t = a;a = b;b = t;
}
int main(void)
{
  int i = 3,j = 5,*p = &i, *q = &j;
  swap(p, q);
  printf("%d %d\n", *p, *q);
}
```

(25) 以下程序的输出结果是 __【31】__。

```
#include<stdio.h>
void fun(int x)
{
  if(x/2>0) fun(x/2);
  printf("%d", x);
}
int main(void)
{ fun(3); printf("\n");}
```

(26) 以下程序的输出结果是 __【32】__。

```
int fun(int *x,int n)
{
  if(n==0) return x[0];
```

```
  else return x[0] + fun(x + 1,n - 1);
}
main()
{
  int a[] = {1,2,3,4,5,6,7};
  printf("%d\n",fun(a,3));
}
```

(27) 以下程序的输出结果是 【33】 。

```
#include<stdio.h>
#include<string.h>
char * fun(char * t)
{
  char * p = t;
  return(p + strlen(t)/2);
}
main()
{
  char * str = "abcdefgh";
  str = fun(str);
  puts(str);
}
```

(28) 以下程序中函数 f 的功能是在数组 x 的 n 个数(假定 n 个数互不相同)中找出最大最小数,将其中最小的数与第一个数对换,把最大的数与最后一个数对换。请填空。

```
#include<stdio.h>
void f(int x[],int n)
{
  int p0,p1,i,j,t,m;
  i = j = x[0]; p0 = p1 = 0;
  for(m = 0;m<n;m ++ )
  { if(x[m]>i) {i = x[m];p0 = m;}
   else if(x[m]<j) {j = x[m];p1 = m;}
  }
  t = x[p0]; x[p0] = x[n - 1];x[n - 1] = t;
  t = x[p1]; x[p1] = 【34】 ; 【35】 = t;
}
main()
{
```

```
    int a[10],u;
    for(u = 0;u<10;u ++ ) scanf(" % d",&a[u]);
    f(a,10);
    for(u = 0;u<10;u ++ ) printf(" % d",a[u]);
    printf("\n");
}
```

第 9 章　结构、联合与枚举习题

1. 选择题

(1) 有以下程序：

```
#include<stdio.h>
union pw{
    int i;
    char ch[2];}a;
int main(void)
{
   a.ch[0] = 13;
   a.ch[1] = 0;
   printf("%d\n", a.i);
}
```

程序的输出结果是________。

A) 13　　B) 14　　C) 208　　D) 209

(2) 设有以下说明语句：

```
typedef struct {
int n;
char ch[8];
} PER;
```

则下面叙述中正确的是________。

A) PER 是结构体变量名　　B) PER 是结构体类型名

C) typedef struct 是结构体类型　　D) struct 是结构体类型

(3) 设有以下说明语句：

```
struct stu
{ int a;
  float b;
} stutype;
```

则下面的叙述不正确的是________。

A) struct 是结构体类型的关键字

B) struct stu 是用户定义的结构体类型

C) stutype 是用户定义的结构体类型名

D) a 和 b 都是结构体成员名

(4) 若有以下说明和定义：

```
union dt
{ int a; char b; double c; }data;
```

以下叙述中错误的是________。

A) data 的每个成员起始地址都相同

B) 变量 data 所占内存字节数与成员 c 所占字节数相同

C) 程序段“data.a=5; printf("%f\n", data.c);”的输出结果为 5.000000

D) data 可以作为函数的实参

(5) 关于在程序运行期间 C 语言中结构体类型变量的描述正确的是________。

A) TC 环境在内存中仅仅开辟一个存放结构体变量地址的单元

B) 所有的成员一直驻留在内存中

C) 只有最开始的成员驻留在内存中

D) 部分成员驻留在内存中

(6) 若有如下定义：

```
struct{
int  i;
char  c;
double a; } a;
```

则 sizeof(a) 的值是________。

A) 10　　B) 11　　C) 12　　D) 13

(7) 若有如下定义：

```
struct person{ char name[9]; int age;};
struct person class[10] = {"John",17,"paul",19,"Mary",18,"Adam",16,};
```

根据上述定义，能输出字母 M 的语句是________。

A) printf("%c\n", class[3].name);

B) printf("%c\n", class[3].name[1]);

C) printf("%c\n", class[2].name[1]);

D) printf("%c\n", class[2].name[0]);

(8) 以下程序的运行结果是________。

```
#include"stdio.h"
main()
{ struct date
{ int year, month, day; } today;
printf("%d\n", sizeof(today));
}
```

A) 6　　B) 8　　C) 10　　D) 12

(9) 以下程序的输出结果是________。

```
union myun
{  struct
   { int x, y, z; } u;
   int k;
} a;
main()
{  a.u.x = 4; a.u.y = 5; a.u.z = 6;
   a.k = 0;
   printf("%d\n", a.u.x);
}
```

A) 4　　B) 5　　C) 6　　D) 0

(10) 若有以下语句：

```
struct ex
{ int x ; float y; char z ;} example;
```

则下面的叙述中不正确的是________。

A) struct 结构体类型的关键字　　B) example 是结构体类型名

C) x,y,z 都是结构体成员名　　D) struct ex 是结构体类型名

(11) 以下程序的输出结果是________。

```
#include<stdio.h>
main()
{
union un
   { int i;
     long k;
     char c;
   };
struct byte
   { int a;
     long b;
     union un c;
   } r;
   printf ("%d\n",sizeof(r));
}
```

A) 12　　B) 13　　C) 7　　D) 8

(12) 设有如下定义：

```
struct sk
```

```
{ int n;
  float x; } data, * p;
```

若要使 p 指向 data 中的 n 域,正确的语句是________。

A) p = &data.n;　　B) * p = data.n;

C) p = (struct sk *)&data.n;　　D) p = (struct sk *)data.n;

(13) 在以下程序段中,已知 int 型数据占两个字节,则输出结果是________。

```
union un
{ int  i;
  double y;
}
struct st
{ char a[10];
  union un b;
};
printf("%d", sizeof(struct st));
```

A) 14　　B) 18　　C) 20　　D) 16

(14) 若有以下结构体说明和变量的定义,则不能把结点 b 连接到结点 a 之后的语句是________。

```
struct node
{ char data;
  struct node * next;
} a, b, * p = &a, * q = &b;
```

A) a.next = q;　　B) p.next = &b;

C) p->next = &b;　　D) (* p).next = q;

(15) 下列程序的输出结果是________。

```
main ()
{
  union u
  {  char * name;
     int age;
     int income;
  } s;
  s.name = "WANGLIONG";
  s.age = 28;
  s.income = 1000;
  printf("%d\n", s.age);
}
```

A) 28　　B) 1000　　C) 0　　D) 不确定

(16) 以下结构体类型说明和变量定义中正确的是________。

A)
```
typedef struct
{int n; char c;}REC;
REC t1,t2;
```

B)
```
typedef struct
{int n; char c;};
REC t1,t2;
```

C)
```
typedef struct REC;
{int n = 0; char c = 'A';}t1,t2;
```

D)
```
struct
{int n; char c;}REC;
REC t1,t2;
```

(17) 以下程序的运行结果是________。

```
#include<stdio.h>
#include<string.h>
typedef struct{ char name[9]; char sex; float score[2]; }STU;
void f(STU a)
{
  STU b = {"Zhao",'m', 85.0, 90.0}; int i;
  strcpy(a.name, b.name);
  a.sex = b.sex;
  for(i = 0; i<2; i++ ) a.score[i] = b.score[i];
}
main()
{
  STU c = {"Qian",'f',95.0,92.0};
  f(c);
  printf("%s,%c,%2.0f,%2.0f\n",c.name,c.sex,c.score[0],c.score
[1]);
}
```

A) Qian,f,95,92　　B) Qian,m,85,90

C) Zhao,f,95,92　　D) Zhao,m,85,90

(18) 若有以下定义：

```
struct link
{  int data;
   struct link * next;
} a, b, c, * p = &a, * q = &c;
```

且变量 a 和 b 之间已有如下图所示的链表结构：

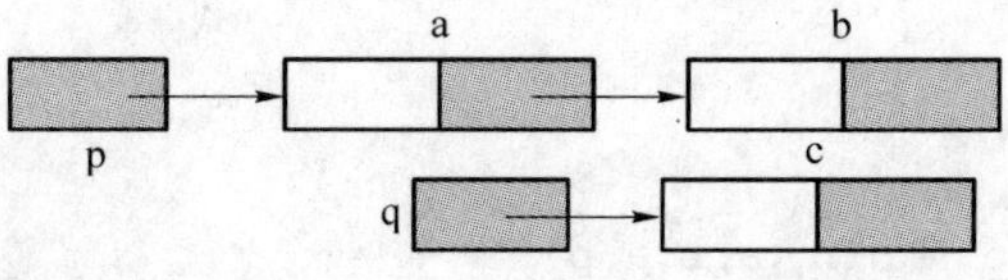

则能够把 c 插入到 a 和 b 之间并形成新的链表的语句组是________。

A) a.next = c; c.next = b;

B) p.next = q; q.next = p.next;

C) p->next = &c; q->next = p->next;

D) (*p).next = q; (*q).next = &b;

(19) 下面函数的功能是将指针 t2 所指向的线性链表链接到 t1 所指向的链表的末端（假定 t1 所指向的链表非空）。

```
struct node
{ float x;
  struct node * next;
};
connect(struct node * t1, struct node * t2)
{
    if(t1->next == NULL)t1->next = t2;
    else connect(________,t2);
}
```

要实现此功能则应该在下画线位置填入的选项是________。

A) t1.next　　B) ++t1.next　　C) t1->next　　D) ++t1->next

(20) 若有以下定义和语句：

```
struct a
{ int n, m;};
struct a st[3] = {{1, 20},{2, 19},{3, 21}};
struct a * p = st;
```

则以下错误的引用是________。

A) (p++)->n;　B) st[0].n　　C) (*p).n;　　D) p = &st.m;

(21) 有以下程序：

```
    typedef struct{int b,p;}A;
void f(A c) /* 注意:c是结构变量名 */
{
  int j;
  c.b += 1; c.p += 2;
}
main()
{
  int i;
  A a = {1,2};
  f(a);
  printf("%d, %d\n",a.b,a.p);
}
```

程序运行后的输出结果是________。

A) 2,3　　B) 2,4　　C) 1,4　　D) 1,2

(22) 有以下程序:

```
struct S{int n; int a[20];};
void f(struct S * p)
{
  int i,j,t;
  for(i=0;i<p->n-1;i++)
  for(j=i+1;j<p->n;j++)
  if(p->a[i]>p->a[j]) { t=p->a[i]; p->a[i]=p->a[j]; p->a[j]=t; }
}
main()
{
  int i; struct S s={10,{2,3,1,6,8,7,5,4,10,9}};
  f(&s);
  for(i=0;i<s.n;i++) printf("%d",s.a[i]);
}
```

程序运行后的输出结果是________。

A) 1,2,3,4,5,6,7,8,9,10,　　B) 10,9,8,7,6,5,4,3,2,1,

C) 2,3,1,6,8,7,5,4,10,9,　　D) 10,9,8,7,6,1,2,3,4,5,

(23) 有以下程序:

```
struct S{ int n; int a[20]; };
void f(int * a,int n)
{
   int i;
   for(i=0;i<n-1;i++) a[i]+=i;
}
main()
{
   int i; struct S s={10,{2,3,1,6,8,7,5,4,10,9}};
   f(s.a,s.n);
   for(i=0;i<s.n;i++) printf("%d",s.a[i]);
}
```

程序运行后的输出结果是________。

A) 2,4,3,9,12,12,11,11,18,9,　　B) 3,4,2,7,9,8,6,5,11,10,

C) 2,3,1,6,8,7,5,4,10,9,　　D) 1,2,3,6,8,7,5,4,10,9,

(24) 有以下程序段：

```
typedef struct node { int data; struct node *next; } *NODE;
NODE p;
```

以下叙述正确的是________。

A) p是指向struct node结构变量的指针的指针

B) "NODE p;"语句出错

C) p是指向struct node结构变量的指针

D) p是struct node结构变量

(25) 以下关于typedef的叙述错误的是________。

A) 用typedef可以增加新类型

B) typedef只是将已存在的类型用一个新的名字来代表

C) 用typedef可以为各种类型说明一个新名，但不能用来为变量说明一个新名

D) 用typedef为类型说明一个新名，通常可以增加程序的可读性

(26) 有以下程序：

```
#include<stdio.h>
struct tt
{ int x;struct tt *y; } *p;
struct tt a[4] = {20,a+1,15,a+2,30,a+3,17,a};
main()
{
  int i;
  p=a;
  for(i=1;i<=2;i++) {printf("%d,",p->x); p=p->y;}
}
```

程序运行后的输出结果是________。

A) 20,30　　B) 30,17　　C) 15,30　　D) 20,15

(27) 有以下程序：

```
#include<stdio.h>
#include<string.h>
typedef struct{ char name[9]; char sex; float score[2]; }STU;
STU f(STU a)
{
  STU b = {"Zhao",'m',85.0,90.0}; int i;
  strcpy(a.name,b.name);
  a.sex = b.sex;
  for(i=0;i<2;i++) a.score[i] = b.score[i];
  return a;
}
main()
```

```
{
    STU c = {"Qian",'f',95.0,92.0},d;
    d = f(c);
    printf("%s,%c,%2.0f,%2.0f\n",d.name,d.sex,d.score[0],d.score[1]);
}
```

程序运行后的输出结果是________。

A) Qian,f,95,92　　B) Qian,m,85,90

C) Zhao,m,85,90　　D) Zhao,f,95,92

(28) 设有以下定义：

```
union data
{ int d1; float d2; }demo;
```

则下面叙述中错误的是________。

A) 变量 demo 与成员 d2 所占的内存字节数相同

B) 变量 demo 中各成员的地址相同

C) 变量 demo 和各成员的地址相同

D) 若给 demo.d1 赋值 99 后，demo.d2 中的值是 99.0

2. 填空题

(1) 设有定义：

```
struct {int a; float b; char c;} abc, *p_abc = &abc;
```

则对结构体成员 a 的引用方法可以是 abc.a 和 p_abc 【1】 a。

(2) 阅读下列程序，则程序的输出结果为 【2】 。

```
#include"stdio.h"
struct ty
{  int data;
   char c;
};
main()
{  struct ty a = {30,'x'};
   fun(a) ;
   printf("%d%c", a.data, a.c);
}
void fun(struct ty b)
{
  b.data = 20;
  b.c = 'y';
}
```

(3) 以下定义的结构体类型拟包含两个成员，其中成员变量 info 用来存入整形数据；成员变量 link 是指向自身结构体的指针，请将定义补充完整。

```
struct node
{ int info;
 ____【3】____ link; };
```

(4) 以下程序中函数 fun 的功能是统计 person 所指结构体数组中所有性别(sex)为 M 的记录的个数。请填空。

```
#include<stdio.h>
#define N 3
typedef struct
{ int num; char nam[10]; char sex;}SS;
int fun(SS person[])
{  int i,n=0;
   for(i=0;i<N;i++)
       if( ____【4】____ =='M') n++;
   return n;
}
main()
{
   SS W[N]={{1,"AA",'F'},{2,"BB",'M'},{3,"CC",'M'}};
   int n;
   n=fun(W);
   printf("n=%d\n", n);
}
```

(5) 现有如下定义：

```
struct aa{int a; float b; char c;} *p;
```

现需用 malloc 函数动态的申请一个 struct aa 类型大小的空间(由 p 指向)，则定义的语句为：____【5】____。

(6) 以下程序用来建立一个带有头结点的单向链表，链表结点中的数据通过键盘输入，当输入－1 时，表示输入结束(表头结点的 data 域不放数据，表空的条件是 ph－＞next＝＝NULL)，请填空。

```
#include<stdio.h>
struct list {
   int data;
   struct list *next;};
struct list *creatlist()
{
   struct list *p, *q, *ph;
```

```
   int a;
   ph=(struct list *)malloc(sizeof(struct list));
   p=q=ph;
   printf("Input an integer number; entre -1 to end:\n");
   scanf("%d", &a);
   while(a!=-1)
   {  p=(struct list *)malloc(sizeof(struct list));
      ____【6】____=a;q->next=p; ____【7】____=p;
      scanf("%d", &a);
   }
   p->next=NULL;
   return(ph);
}
main()
{
   struct list *head;
   head=creatlist();
}
```

(7) 设有说明：

struct DATE{int year;int month; int day;};

请写出一条定义语句 ____【8】____，该语句定义 d 为上述结构体变量，并同时为其成员 year、month、day 依次赋初值 2006、10、1。

(8) 函数 min()的功能是：在带头结点的单链表中查找数据域中值最小的结点。请填空。

```
#include<stdio.h>
struct node
{ int data;
  struct node *next;
};
int min(struct node *first) /* h指针 first 为链表头指针 */
{ struct node *p; int m;
  p=first->next; m=p->data;p=p->next;
  for(;p! =NULL;p= ____【9】____ )
     if(p->data<m) m=p->data;
  return m;
}
```

第 10 章　文件习题

1. 选择题

(1) fseek 函数的正确调用形式是________。

A) fseek(文件指针,起始点,位移量)

B) fseek(文件指针,位移量,起始点)

C) fseek(位移量,起始点,文件指针)

D) fseek(起始点,位移量,文件指针)

(2) 已知函数的调用形式:fread(buf, size, count, fp),其中参数 buf 的含义是________。

A) 一个整型变量,代表要读入的数据项总数

B) 一个文件指针,指向要读的文件

C) 一个指针,指向要读入数据的存放地址

D) 一个存储区,存放要读的数据项

(3) 下面程序的文件名为 t.exe,若在 DOS 命令行输入的参数是:t to meet me<Enter>,则程序输出的结果是________。

```
#include"stdio.h"
main(int argc, char * argv[])
{
   int i;
   printf("%d\n", argc);
}
```

(4) 假定当前盘符下有两个文本文件,文件名是 a1.txt 和 a2.txt,它们的内容分别是 123#、321#,则下面程序段执行后的结果是________。

```
#include"stdio.h"
void fc(FILE * p)
{
   char c;
   while((c = fgetc(p))! = '#')putchar(c);
}
```

```
main()
{
   FILE * fp;
   fp = fopen("a1.txt","r");
   fc(fp);
   fclose(fp);
   fp = fopen("a2.txt","r");
   fc(fp);
   fclose(fp);
   putchar('\n');
}
```

A) 123321　　B) 123　　C) 321　　D) 以上答案都不正确

(5) 下面程序运行后的输出结果是________。

```
#include<stdio.h>
main()
{
  FILE * fp; int i = 20, j = 30, k, n;
  fp = fopen("d1.dat","w");
  fprintf(fp,"%d\n",i);fprintf(fp,"%d\n",j);
  fclose(fp);
  fp = fopen("d1.dat","r");
  fscanf(fp,"%d%d",&k, &n); printf("%d%d\n", k, n);
  fclose(fp);
}
```

A) 20 30　　B) 20 50　　C) 30 50　　D) 30 20

(6) 下列关于C语言数据文件的叙述正确的是________。

A) 文本文件由ASCII码字符序列组成,C语言只能读写文本文件

B) 二进制文件由二进制数据序列组成,C语言只能读写二进制文件

C) 文件由记录序列组成,可按数据的存放形式分为二进制文件和文本文件

D) 文件由数据流形式组成,可按数据的存放形式分为二进制文件和文本文件

(7) 函数fseek(pf, OL,SEEK_END)中的SEEK_END代表的起始点是________。

A) 文件开始　　B) 文件末尾

C) 文件当前位置　　D) 以上都不对

(8) 以下叙述错误的是________。

A) gets函数用于从终端读入字符串

B) getchar函数用于从磁盘文件读入字符

C) fputs函数用于把字符串输出到文件

D) fwrite函数用于以二进制形式输出数据到文件

(9) 以下程序的运行结果是________。

```
#include"stdio.h"
main()
{
  FILE *fp;
  int a[6]={1, 2, 3}, i, n;
  fp=fopen("data.dat","w");
  for(i=0;i<3;i++) fprintf(fp," %d", a[i]);
  fprintf(fp,"\n");
  fclose(fp);
  fp=fopen("data.dat","r");
  fscanf(fp," %d", &n);
  fclose(fp);
  printf(" %d\n",n);
}
```

A) 12300　　B) 123　　C) 1　　D) 321

(10) 以下程序生成的文件 TEST 的长度是________。

```
#include<stdio.h>
void main(void)
{
   FILE *fp=fopen("TEST","w");
   fputc('A',fp);fputc('\n',fp);
   fputc('B',fp);fputc('\n',fp);
   fputc('C',fp);
   fclose(fp);
}
```

A) 3 字节　　B) 4 字节　　C) 5 字节　　D) 7 字节

(11) 有以下程序：

```
#include<stdio.h>
main()
{
  FILE *fp; int k,n,a[6]={1,2,3,4,5,6};
  fp=fopen("d2.dat","w");
  fprintf(fp,"%d%d%d\n",a[0],a[1],a[2]);
  fprintf(fp,"%d%d%d \n",a[3],a[4],a[5]);
  fclose(fp);
  fp=fopen("d2.dat","r");
  fscanf(fp,"%d%d",&k,&n); printf("%d%d\n",k,n);
```

```
  fclose(fp);
}
```

程序执行后的输出结果是________。

A) 1 2　　B) 1 4　　C) 123 4　　D) 123 456

(12) 有以下程序：

```
#include<stdio.h>
main()
{
  FILE *fp; int i,a[6]={1,2,3,4,5,6};
  fp=fopen("d3.dat","w+b");
  fwrite(a,sizeof(int),6,fp);
  fseek(fp,sizeof(int)*3,SEEK_SET);
  fread(a,sizeof(int),3,fp); fclose(fp);
  for(i=0;i<6;i++) printf("%d,",a[i]);
}
```

程序执行后的输出结果是________。

A) 4,5,6,4,5,6,　　B) 1,2,3,4,5,6,

C) 4,5,6,1,2,3,　　D) 6,5,4,3,2,1,

(13) 读取二进制文件的函数调用形式为"fread(buffer,size,count,fp);",其中 buffer 代表的是________。

A) 一个文件指针,指向待读取的文件

B) 一个整型变量,代表待读取的数据的字节数

C) 一个内存块的首地址,代表读入数据存放的地址

D) 一个内存块的字节数

(14) 有以下程序：

```
#include<stdio.h>
main()
{
  FILE *fp; int a[10]={1,2,3,0,0},i;
  fp=fopen("d2.dat","wb");
  fwrite(a,sizeof(int),5,fp);
  fwrite(a,sizeof(int),5,fp);
  fclose(fp);
  fp=fopen("d2.dat","rb");
  fread(a,sizeof(int),10,fp);
  fclose(fp);
  for(i=0;i<10;i++) printf("%d,",a[i]);
}
```

程序执行后的输出结果是________。

A) 1,2,3,0,0,0,0,0,0,0,　　B) 1,2,3,1,2,3,0,0,0,0,

C) 123,0,0,0,0,123,0,0,0,0,　　D) 1,2,3,0,0,1,2,3,0,0,

2. 填空题

(1) 以下程序的功能是从名为 myfile.dat 的文本文件中逐个读入字符并显示在屏幕上,请填空。

```
#include"stdio.h"
int main(void)
{
  FILE * fp; char ch;
  fp = fopen( 【1】 );
  ch = fgetc(fp);
  while(! feof(fp)) { putchar(ch); ch = fgetc(fp); }
  putchar('\n');
  fclose(fp);
}
```

(2) fseek 函数的调用格式是__【2】__。

(3) 设有定义:FILE * fw;,请将以下打开文件的语句补充完整,以便可以向文本文件 readme.txt 的最后续写内容。

```
fw = fopen("readme.txt", 【3】 );
```

第 11 章　其他习题

1. 选择题

(1) 以下叙述正确的是________。

A) 用 C 程序实现的算法必须要有输入和输出操作

B) 用 C 程序实现的算法可以没有输出但必须要有输入

C) 用 C 程序实现的算法可以没有输入但必须要有输出

D) 用 C 程序实现的算法可以既没有输入也没有输出

(2) 有如下程序：

```
#define N 2
#define M N+1
#define NUM 2*M+1
int main(void)
{
  int i;
  for(i=1; i<=NUM; i++)printf("%d\n", i);
}
```

该程序中的 for 循环执行的次数是________。

A) 5　　B) 6　　C) 7　　D) 8

(3) 设有以下语句：

```
char x=3, y=6, z;
z=x^y<<2;
```

则 z 的二进制值是________。

A) 00010100　　B) 00011011　　C) 00011100　　D) 00011000

(4) 下列程序段的输出结果为________。

```
#include"stdio.h"
#define M(X,Y)(X)*(Y)
#define N(X,Y)(X)/(Y)
main()
{
```

```
  int a = 5, b = 6, c = 8, k;
  k = N(M(a,b),c);
  printf("%d\n",k);
}
```

A) 3　　B) 5　　C) 6　　D) 8

(5) 已知 int a=1, b=3 则 a^b 的值是________。

A) 3　　B) 1　　C) 2　　D) 4

(6) 下列程序的输出结果是________。

```
#include"stdio.h"
#define M(x,y) x%y
main()
{
  int a, m = 12, n = 100;
  a = M(n, m);
  printf("%d\n", a--);
}
```

A) 2　　B) 3　　C) 4　　D) 5

(7) 以下程序段的执行结果是________。

```
#define PLUS(X,Y)X + Y
main()
{
  int x = 1, y = 2, z = 3, sum;
  sum = PLUS(x + y, z) * PLUS(y,z);
  printf("SUM = %d",sum);
}
```

A) SUM = 9　　B) SUM = 12　　C) SUM = 18　　D) SUM = 28

(8) 以下叙述错误的是________。

A) 在程序中凡是以"#"开始的语句行都是预处理命令行

B) 预处理命令行的最后不能以分号结束

C) "#define MAX"是合法的宏定义命令行

D) C 程序对预处理命令行的处理是在程序执行的过程中进行的

(9) 变量 a 中的数据用二进制表示的形式是 01011101,变量 b 中的数据用二进制表示的形式是 11110000。若要求将 a 的高 4 位取反,低 4 位不变,所要执行的运算是________。

A) a^b　　B) a|b　　C) a&b　　D) a<<4

(10) 有一个名为 init.txt 的文件,内容如下:

```
#define HDY(A,B) A/B
#define PRINT(Y) printf("y = %d\n",Y)
```

有以下程序：

```
#include"init.txt"
main()
{ int a=1,b=2,c=3,d=4,k;
  k=HDY(a+c,b+d);
  PRINT(k);
}
```

下面针对该程序的叙述正确的是________。

A）编译有错　　　　B）运行出错

C）运行结果为"y=0"　　　　D）运行结果为"y=6"

(11) 有以下程序：

```
main()
{
   unsigned char a=2,b=4,c=5,d;
   d=a|b; d&=c; printf("%d\n",d);
}
```

程序运行后的输出结果是________。

A）3　　B）4　　C）5　　D）6

(12) 若程序中有宏定义行"#define N 100",则以下叙述中正确的是________。

A）宏定义行中定义了标识符N的值为整数100

B）在编译程序对C源程序进行预处理时用100替换标识符N

C）对C源程序进行编译时用100替换标识符N

D）在运行时用100替换标识符N

(13) 有以下程序：

```
#include<stdio.h>
main()
{ int a=1,b=2,c=3,x;
  x=(a^b)&c; printf("%d\n",x);
}
```

程序运行后的输出结果是________。

A）0　　B）1　　C）2　　D）3

2. 填空题

(1) 设有如下宏定义：

```
#define MYSWAP(z, x, y) {z=x; x=y; y=z;}
```

以下程序段通过宏调用实现变量a,b内容交换,请填空。

```
float a=5, b=16, c;
```

```
MYSWAP( ____【1】____ , a ,b);
```

(2) 以下程序的运行结果是 ____【2】____。

```
#define MAX(a,b)(a > b ? a : b) + 1
int main(void)
{
   int i = 6, j = 8, k;
   printf("%d\n", MAX(i,j));
}
```

(3) 下列程序的输出结果是 ____【3】____。

```
#define PR(a) printf("%d\t",(int)(a))
#define PRINT(a) PR(a); printf("ok!");
main()
{
   int i, a = 1;
   for(i = 0; i<3; i++)
   PRINT(a + i);
   printf("\n");
}
```

(4) 下列程序的输出结果 ____【4】____。

```
#define PR(ar) printf("ar = %d",ar)
main()
{  int j, a[] = {1, 3, 5, 7, 9, 11, 13, 1}, *p = a + 5;
   for(j = 3;j;j--)
     switch(j)
     {  case 1:
        case 2: PR (*p++); break;
        case 3: PR( *(--p));
     }
}
```

PART

第2部分

2

C语言程序设计习题答案与解析

本部分对第一部分中的所有习题给出了标准答案和解析。对于每一个能上机操作的题目我们均在VC++ 6.0环境下通过了编译和运行，确保给出的答案是完全正确的。在解析中，我们对题目考查的知识点及选项的正误进行了分析，以便于读者回顾、思考和掌握。

第12章　C语言初步习题答案与解析

1. 选择题

(1)**【参考答案】**A

【要点与解析】本题重点考查C语言中常数的表示方法问题。

在C语言中，可以用十进制、八进制和十六进制表示整型常量。十进制由数字0～9组成，以非0数字开头；八进制由数字0～7组成，以数字0开头；十六进制由数字0～9、字母a～f(或A～F)组成，以0x或0X开头。

在C语言中，小数只有十进制形式，全部是有符号数，可以使用一般形式表示，格式是[±]m. n；也可以使用指数形式表示，格式是[±]mE(e)n，使用指数形式时要求必须有尾数m，指数n必须是整数。

选项B)中，以0开头表示是一个八进制数，而八进制数的取值范围是0～7，所以－080是不合法的；选项C)和D)中，e后面的指数必须是整数，所以也不合法。

(2)**【参考答案】**B

【要点与解析】本题重点考查C语言中用户自定义标识符的方法问题。

C语言规定标识符只能由字母、数字和下画线组成，第一个字符必须为字母或下画线，且不能与C语言的关键字同名。

选项A)中void为关键字；C)中－abc含非法字符'－'中；D)中sizeof为关键字，2a以数字开头。

(3)**【参考答案】**D

【要点与解析】本题综合考查C语言的标识符、运算优先级和数据输入问题。

在C语言所有的运算符中，逗号运算符的优先级最低。C语言中区分大小写，所以APH和aph是两个不同的变量。赋值表达式a＝b的作用是将b的值付给a，而b本身的值保持不变；通过键盘可以向计算机输入允许的任何类型的数据。

(4)**【参考答案】**B

【要点与解析】本题重点考查C语言中小数的表示方法问题。

在C语言中，小数只有十进制形式，全部是有符号数。它有两种表示形式：一般形式和指数形式。采用指数形式时，尾数必须要有，指数必须是整数，即字母e(E)之前必须有数字，且e(E)后面的指数必须是整数；而选项B)中，e(E)后面的指数是小数，所以不合法。

(5)【参考答案】C

【要点与解析】本题重点考查格式化输入函数 scanf 的使用问题。

若在 scanf 的格式控制串中使用了其他字符，则在输入时要求按一一对应的位置原样输入这些字符。由于 scanf 的格式控制串中有“a//”、逗号和“b=”字符，所以输入时应该逐一在对应位置上输入这些字符。

(6)【参考答案】C

【要点与解析】本题重点考查 C 语言中用户自定义标识符的方法问题。

C 语言规定标识符只能由字母、数字和下画线组成，第一个字符必须为字母或下画线，且不能与 C 语言的关键字同名。选项 C)中 goto 和 int 是关键字，b-a 中“-”不是组成标识符的 3 种字符之一，所以均是不合法用户标识符的选项是 C)。

(7)【参考答案】B

【要点与解析】本题重点考查 C 语言中用户自定义标识符的方法问题。

C 语言规定标识符只能由字母、数字和下画线组成，第一个字符必须为字母或下画线，且不能与 C 语言的关键字同名。选项 A)，数字不能为第一个字符，auto 为关键字；选项 C)中，数字不能为第一个字符，else 为关键字；选项 D)中‘-’不合法。

(8)【参考答案】A

【要点与解析】本题重点考查 C 语言中字符型常量的表示方法问题。

在 C 语言中，字符型常量是使用一对单引号括起来的单个字符。一个字符常量代表 ASCII 字符集中的一个字符，字符常量的范围是 0～127。

选项 B)、C)中用的是双引号，所以错误；选项 D)超过了字符常量的表示范围。

(9)【参考答案】C

【要点与解析】本题重点考查 C 语言程序一般结构问题。

每个 C 程序都由一个全局声明区后跟一个或多个函数组成，其中必须有且只能有一个名字叫 main 的函数。函数是具有独立功能的命名的代码段。函数是 C 程序的基本结构单位。每个程序中，有且必须有一个名字叫做 main 的函数。程序的执行是由 main 函数的开始而开始，由它的结束而结束。其他函数都是在开始执行 main 函数以后，通过函数调用而得以执行的。各函数的地位平等，位置前后无关，只存在调用和被调用的关系。C 语言中的函数可以作为独立的编译单元存放在不同的文件中。

(10)【参考答案】D

【要点与解析】本题重点考查整型常量的表示问题。

在 C 语言中，可以用十进制、八进制和十六进制表示整型常量。十进制由数字 0～9 组成，以非 0 数字开头；八进制由数字 0～7 组成，以 0 数字开头；十六进制由数字 0～9、字母 a～f(或 A～F)组成，以 0x 或 0X 开头。

选项 A)中 016 是合法的八进制数；选项 B)中 017 是合法的八进制数；选项 C)中 010 是合法的八进制数；选项 D) 中的全部是非法的八进制数。

(11)【参考答案】D

【要点与解析】本题重点考查格式化输入函数 scanf 的使用问题。

若在 scanf 的格式化控制串中插入了其他字符，则在输入时要求按一一对应的位置原样输入这些字符。然而代码对于用户是不透明的，除非给用户提供了足够多的信息，否则用户很难准确输入数据，所以在格式化输入函数的格式控制串中一般不要使用其他字符。由于格式串“x=%d␣,sum␣y=%d,line␣z=%dL”中自左向右“x=␣,sum␣y=,line␣z=L”都是一般字符，因此输入时都要按一一对应的位置原样输入这些字符，因此只有选项D)是正确的。

(12)【参考答案】D

【要点与解析】本题重点考查C程序的结构问题。

每个C程序都由一个全局声明区后跟一个或多个函数组成，其中必须有且只能有一个名字叫main的函数。函数是具有独立功能的命名的代码段。函数是C程序的基本结构单位。每个程序中，有且必须有一个名字叫做main的函数。程序的执行是由main函数的开始而开始，由它的结束而结束。其他函数都是在开始执行main函数以后，通过函数调用而得以执行的。各函数的地位平等，位置前后无关，只存在调用和被调用的关系。C语言中的函数可以作为独立的编译单元存放在不同的文件中。

在C程序中，注释是为了增强程序的可读性在程序代码中加入的说明性信息。注释以“/*”开始，由“*/”结束。可以在除一条可执行语句内部之外的任何地方加注释。注释可以跨多行。注释部分在编译时被忽略。根据这一特点，在调试程序时，若不想让某部分代码参加编译和运行，就可以把这部分代码的首尾用“/*”和“*/”括起来，该部分代码就暂时被屏蔽了。所以选项D)是错误的。

(13)【参考答案】A

【要点与解析】本题重点考查用户自定义标识符的表示问题。

解析：C语言规定标识符只能由字母、数字和下画线组成，第一个字符必须为字母或下画线，且不允许用户将关键字作为标识符。选项B)的首字符为数字，选项D)的中间含非法字符“-”；而选项C)中的int是C语言的关键字。因此，只有选项A)是正确的。

(14)【参考答案】A

【要点与解析】本题重点考查整型常量的表示问题。

在C语言中，可以用十进制、八进制和十六进制表示整型常量。十进制由数字0～9组成，以非0数字开头；八进制由数字0～7组成，以0数字开头；十六进制由数字0～9、字母a～f(或A～F)组成，以0x或0X开头，在数的前面加“-”表示负数。另外，可以在常量后加小写字母u或者大写字母U来指定无符号整数，加小写字母l或大写字母L指定长整型数，如-32271L，76542LU。

选项B)中的01a，选项C)中的0668是错误的，因为既然0表示八进制，8和a就是非法的；选项D)中的0x是错误的，它不表示任何数据。

(15)【参考答案】B

【要点与解析】本题重点考查字符串常量的表示问题。

字符串常量是由双引号括起来的0个或多个字符，每个字符可以是能直接表示的一般字符也可以是符合规则的转义字符。由此可知，选项A)、C)、D)都是合法的字符串常量，而B)是一个字符型常量。

(16)【参考答案】C

【要点与解析】本题重点考查C语言程序的结构问题。

每个C程序都由一个全局声明区后跟一个或多个函数组成,其中必须有且只能有一个名字叫 main 的函数。函数是具有独立功能的命名的代码段。函数是C程序的基本结构单位。每个程序中,有且必须有一个名字叫做 main 的函数。程序的执行是由 main 函数的开始而开始,由它的结束而结束。其他函数都是在开始执行 main 函数以后,通过函数调用而得以执行的。各函数的地位平等,位置前后无关,只存在调用和被调用的关系。

C语言中的函数可以作为独立的编译单元存放在不同的文件中。所以选项D)是错误的。

在C程序中,注释是为了增强程序的可读性在程序代码中加入的说明性信息。注释以"/ * "开始,由" * /"结束。可以在除一条可执行语句内部之外的任何地方加注释。注释可以跨多行。所以选项A)是错误的。

C语言程序的书写风格自由,一行可以写多条语句,也可以把一条语句分为几行,不过为了增强程序的可读性,应该使用一行一句的书写风格。所以选项B)是错误的。

(17)【参考答案】C

【要点与解析】本题重点考查用户自定义标识符的表示问题。

C语言规定标识符只能由字母、数字和下画线组成,第一个字符必须为字母或下画线,且不能与C语言的关键字同名。因为选项C)中的第一个字符为"&",所以不是合法的标识符。

(18)【参考答案】B

【要点与解析】本题重点考查字符常量的表示问题。

在C语言程序中,用单引号把一个字符或反斜线后跟一个特定的字符括起来表示一个字符常量。选项A)、C)和D)为正确的字符常量。而选项B)是用双引号括起来的字符,表示一个字符串常量。所以正确答案为B)。

(19)【参考答案】D

【要点与解析】本题重点考查格式化输出函数 printf 的使用问题。

在使用 printf 函数输出数据时,若格式转换说明域的个数少于输出项时,多余的项不输出。输出格式控制符%c 表示将变量以字符的形式输出,输出格式控制符%d 表示将变量以有符号十进制整型数输出,所以第一个输出语句输出的结果为"a,97",输出项 k 不起作用;第二个输出语句输出的结果为 k=12。所以选项D)为正确答案。

(20)【参考答案】D

【要点与解析】本题综合考查C语言程序的结构特点、程序编译等问题。

C语言程序在编译时要检查语法错误;C语言的基本单位是函数,函数是具有独立功能的命名的程序段,所以选项B)是错误的;函数可以嵌套调用但不可以嵌套定义,也就是说一个函数中不能包含其他函数的定义,所以选项C)是错误的。

(21)【参考答案】B

【要点与解析】本题考查C语言程序的结构特点问题。

语言的基本单位是函数；函数是具有独立功能的命名的程序段；函数可以嵌套调用但不可以嵌套定义，也就是说一个函数中不能包含其他函数的定义。函数包含函数头和函数体两部分。函数包含库函数和用户自定义函数两种。所以只有选项B)是正确的。

(22)**【参考答案】**A

【要点与解析】本题考查C语言程序的结构特点问题。

在C语言中，一个程序可以由多个程序文件组成；函数是C程序的基本单位，一个程序可以由一个或多个函数组成，其中有且只能有一个 main 函数；任何一个函数都可以单独以文件的形式存在和参加编译；因此选项B)、C)和D)正确，选项A)是错误的。

(23)**【参考答案】**D

【要点与解析】本题考查C语言程序的结构特点问题。

在C语言中，一个程序可以由多个程序文件组成，这些文件中只有一个要包含 main 函数，所以选项A)错误；函数是C程序的基本单位，一个程序可以由一个或多个函数组成，其中有且只能有一个 main 函数，它与其他函数一样位置任意，所以选项B)错误；函数间只存在调用和被调用的关系，函数的位置决定了该函数的作用域，即它的可见范围，只有在该范围内的函数才可以调用它，所以选项C)错误。函数不可以嵌套定义，即在一个函数中定义另一个函数。

(24)**【参考答案】**D

【要点与解析】本题考查变量的定义方法问题，实质上是变相考查用户自定义标识符问题。

变量的定义格式是“数据类型　变量名;”，变量名的命名规则必须遵循用户自定义标识符的规则。C语言规定标识符只能由字母、数字和下画线组成，第一个字符必须为字母或下画线，且不能与C语言的关键字同名。选项D)中 US$ 的 $ 不是组成标识符的3种字符之一，所以不合法的选项是D)。

(25)**【参考答案】**B

【要点与解析】本题考查格式化输入函数 scanf 的相关知识。

scanf 的作用是按指定格式从输入流中读取数据存到内存变量中。在格式控制串中可以使用“%md(或 f)”的格式来控制读入整数(或小数)的位数为 m 位，但是遇到非数字字符将结束。因此语句“scanf("%2d%f",&a,&b);”的作用是从输入流中读取2位整数存到变量 a 中，读取一个小数存到变量 b 中，因为6的后面的空格是非法数字，所以输入流是“876 543.0”时，把87给了 a，6给了 b。

(26)**【参考答案】**B

【要点与解析】本题考查格式化输出函数 printf 的相关知识。

printf 的作用是按指定格式把数据输出到屏幕。其中格式的控制由格式串控制，格式串中包括两部分：格式转换控制域和一般文本。

格式转换控制域的格式是“%[±][m][.n][0 或 l]字母”，用来控制把要输出的数据转换为“%字母”的类型并按指定的格式输出。中间的部分是任选项，各选项的作用如下。

±——指定数据的对齐方式，“+”为右对齐，“-”为左对齐。

m——是一个整数，指定输出数据占的列宽。

.n——指定输出小数的位数或字符串的位数。

0 或 l——数字 0 指定数字左边填充 0,l 与 d 配合控制长整数的输入输出。

格式转换说明域之外的内容是一般文本,它们按原样输出。

在语句“printf("a+b=%d\n",a+b);”中,格式控制串是“a+b=%d\n”,格式控制域是“%d”,其他为一般字符,控制把 a+b 的值按格式输出到屏幕,于是输出结果为 a+b=30。

(27)**【参考答案】**C

【要点与解析】本题重点考查算法的相关知识。

算法有 5 个特性,即有穷性、确定性、可行性、有零个或多个输入以及有一个或多个输出。算法的确定性是指算法中的每一个步骤都必须有明确定义,不允许有模棱两可的解释,也不允许有多义性。因此,本题正确答案为 C)。

(28)**【参考答案】**D

【要点与解析】本题重点考查 C 语言程序的结构问题。

C 语言源程序是后缀为.C 的文件,属于文本文件,可以使用任何文本编辑软件打开和编辑,它不能被机器识别和运行;C 语言源程序文件经过编译生成后缀为.obj 的文件,又叫目标文件,它是二进制文件,不可以直接运行。目标文件经过链接生成后缀为.exe 的可执行文件,它可以被机器识别和运行。因此,本题正确答案为 D)。

(29)**【参考答案】**B

【要点与解析】本题重点考查用户自定义标识符的表示问题。

C 语言规定标识符只能由字母、数字和下画线组成,第一个字符必须为字母或下画线,且不能与 C 语言的关键字同名。因此,本题正确答案为 B)。

(30)**【参考答案】**C

【要点与解析】本题重点考查 C 语言程序的结构问题。

C 语言是支持结构化程序设计的语言;所谓的结构化程序是指程序由顺序、选择(又叫分支)和循环 3 种基本结构组成。已经证明,由 3 种基本结构组成的算法可以解决任何复杂的问题。由 3 种基本结构所构成的算法称为结构化算法,由 3 种基本结构所构成的程序称为结构化程序。因此,本题正确答案为 C)。

(31)**【参考答案】**A

【要点与解析】本题主要考查 C 语言程序的结构特点问题。

一个 C 程序可以包括任意多个不同的函数,但必须有一个而且只能有一个 main 函数。一个 C 程序总是从 main 函数开始执行,在 main 函数结束。因此,本题正确答案为 A)。

(32)**【参考答案】**D

【要点与解析】本题主要考查格式化输入函数 sacnf 的使用问题。

scanf 的作用是按指定格式从输入流中读取数据存到内存变量中。在格式控制串中若格式转换说明符连着写或使用空格(或 Tab)分隔,输入数值型数据时,数据与数据之间可以使用空格、Tab 键、回车键做分隔,输入的是字符型数据时不能用任何字符分隔。本例的格式串为“%d%c%d%c”,是数值型数据与字符型数据混合输入。根据上述的原则,只有选项 D)是正确的。

(33)**【参考答案】**B

【要点与解析】本题重点考查C语言程序的结构问题。

C语言中，源程序文件的后缀为.c，经过编译生成后缀为.obj的目标文件，再经过与C语言提供的各种库函数连接，生成后缀为.exe的可执行文件。因此，本题正确答案为B)。

(34)**【参考答案】**A

【要点与解析】本题重点考查用户自定义标识符的方法问题。

在C语言中，合法标识符的命名规则是：标识符可以由字母、数字和下画线三种字符组成，且第一个字符必须为字母或下画线。C语言的标识符可以分为关键字、预定义标识符和用户自定义标识符。选项B)和选项C)中的横线以及点都不合法，选型D)中的"case"为C语言关键字。因此，本题正确答案为A)。

(35)**【参考答案】**B

【要点与解析】本题重点考查C语言中数值型常量的表示问题。

在C语言中，可以用十进制、八进制和十六进制表示整型常量。十进制由数字0～9组成，以非0数字开头；八进制由数字0～7组成，以数字0开头；十六进制由数字0～9、字母a～f(或A～F)组成，以0x或0X开头。

在C语言中，小数只有十进制形式，全部是有符号数，可以使用一般形式表示，格式是[±]m.n；也可以使用指数形式表示，格式是[±]mE(e)n，使用指数形式时要求必须有尾数m，指数n必须是整数。

选项A)中028错误；选项C)中4e1.5错误；选项D)中"10,000"错误。因此，本题正确答案为B)。

(36)**【参考答案】**C

【要点与解析】本题重点考查C语言程序的结构问题。

main是C程序中主函数的函数名，它是由系统规定的不能由用户指定。每一个C程序都必须有且只能有一个主函数。程序要从main函数开始执行，最后在mian函数中结束。因此，本题答案为C)。

(37)**【参考答案】**D

【要点与解析】本题重点考查C语言数据类型的问题。

在ANSI标准中，long、int和short分别占用4个字节、2个字节和2个字节，但实际上对于某些C编译系统，int和long都占用4个字节，所以说各种类型数据占用内存大小由选择何种C编译系统决定的。因此，本题正确答案为D)。

(38)**【参考答案】**C

【要点与解析】本题重点考查C语言程序的结构问题。

本题涉及C语言的3个知识点。①C语言的源程序由函数构成，函数是其基本单位；每一个函数完成相对独立的功能，其中必须包含一个main函数。②C语言的书写格式自由，一行可写多条语句，一条语句也可写在不同行上。③C语言规定每个语句以分号结束。因此，本题正确答案为C)。

(39)**【参考答案】**D

【要点与解析】本题重点考查C语言程序的结构问题。

在C语言中，源程序是后缀为.C的文件，属于文本文件，它不能被机器识别和运行；

目标程序是C语言源程序文件经过编译生成后缀为.obj的文件,它是二进制文件,也不可以直接运行。可执行程序是目标程序经过链接生成后缀为.exe的程序,它可以直接被机器识别和运行。而汇编程序是使用汇编语言编写的程序,它也必须经过编译才能被执行。因此,本题正确答案为D)。

(40)【参考答案】A

【要点与解析】本题重点考查C语言常量的表示问题。

在C语言中,常量包含数值型(又包括整数和实数)、字符型和字符串。

整数可以用十进制、八进制和十六进制表示整型常量。十进制由数字0～9组成,以非0数字开头;八进制由数字0～7组成,以0数字开头;十六进制由数字0～9、字母a～f(或A～F)组成,以0x或0X开头。小数只有十进制形式,全部是有符号数,可以使用一般形式表示,格式是[±]m.n,也可以使用指数形式表示,格式是[±]mE(e)n,使用指数形式时要求必须有尾数m,指数n必须是整数。字符型的常量是由一对单引号括起来的一个字符。字符串是由一对双引号括起来的0个或多个字符。

选项A)表示的字符常量是非法的,在单引号内只能包含一个字符。因此,本题正确答案为A)。

(41)【参考答案】C

【要点与解析】本题重点考查C语言变量的定义和初始化问题。

在C语言中,定义变量就是为使用的内存指定类型和名字,同时允许给其赋初值,一般格式是:

数据类型标识符　变量名1[＝值1],变量名2[＝值2],…,变量名n[＝值n];

其中"[]"的部分表示该项可以有也可以没有。

选项A)中变量a与b之间用";"不正确;B)选项中,连等赋值错误;D)选项中,数据类型标识符与变量名之间用逗号错误。因此,本题正确答案为C)。

(42)【参考答案】A

【要点与解析】本题重点考查C语言中数值型数据的表示问题。

在C语言中,数值型数据包括整数和实数。可以用十进制、八进制和十六进制表示整型常量。十进制由数字0～9组成,以非0数字开头;八进制由数字0～7组成,以数字0开头;十六进制由数字0～9、字母a～f(或A～F)组成,以0x或0X开头。小数只有十进制形式,全部是有符号数,可以使用一般形式表示,格式是[±]m.n;也可以使用指数形式表示,格式是[±]mE(e)n,使用指数形式时要求必须有尾数m,指数n必须是整数。因此,本题正确答案为A)。

(43)【参考答案】B

【要点与解析】本题考查C语言中数值型数据的表示和输出控制问题。

任何数据在计算机中都以二进制数据存储。对于整数又有有符号数和无符号数之分,二者的差别是有符号数最高位是符号位不代表值,无符号数所有位均代表值。此外,负数用补码表示。

在C语言中,一个short型变量占2B,即16位二进制数的空间。本例中,x被初始化为0xFFFF,机内状态为1111111111111111;%u是控制把x中的值转换为无符号数输出，结果为 65535。因此，本题答案为 B)。

(44)【参考答案】A

【要点与解析】本题考查 C 语言中字符型常量的表示问题。

在 C 语言中，字符常量是用单引号括起来的一个字符，也可以用转义形式表示——形式 1:\ddd 表示八进制数 ASCII 码为 ddd 的字符；形式 2:\xhh 表示十六进制数 ASCII 码为 hh 的字符。在本题中，\x13 表示十六进制数 ASCII 码为 13 的字符；而\081 中八进制数所表示的字符中不会出现数字 8；65 用单引号括起来的，不是一个字符；\n 是用双引号括起来的一个字符，是字符串常量。因此，本题答案为 A)。

(45)【参考答案】D

【要点与解析】本题考查 C 语言中字符串常量的表示问题。

在 C 语言中，字符串常量是一对双引号括起来的字符序列，选项 A)中第二个双引号被编译系统解释为转义字符，选项 A)错误；选项 B)和 C)显然也不是字符串常量。因此，本题答案为 D)。

(46)【参考答案】B

【要点与解析】本题考查 C 语言中格式化输入函数 scanf 的用法问题。

在 C 语言中，scanf 函数的调用形式是"scanf(格式字符串，输入项地址表)；"。功能是按格式字符串中规定的格式，在键盘上输入各输入项的数据，并依次赋给各输入项。当需要从键盘上输入数据时，输入的数值之间需要有间隔符(空格符号，制表符号，回车符号)，间隔符号的使用数量不限，直到按下回车键；若格式控制中有一般字符，输入时需要按原样输入。本例中要输入 3 个整数，且格式控制中含逗号，选项 B)中，没有输入逗号，格式错误。因此，本题答案为 B)。

2. 填空题

(1)【参考答案】【1】100 300 400

【要点与解析】本题重点考查格式化输入函数 scanf 的使用问题。

在 C 语言中，scanf 的作用是按照指定的格式把从键盘上输入的数据流中的数据存储到内存。格式控制由格式控制字符串实现，可以使用"%*字母"的形式控制跳过某种类型的一项数据，本例中格式控制串为"%d %*d %d %d"，就意味跳过输入流中第 2 个整数，即 200 被跳过去了，这样"100，300，400"三个数被从键盘输入了进来。

(2)【参考答案】【2】a=1，b=2，c=3

【要点与解析】本题重点考查格式化输入函数 scanf 的使用问题。

scanf 函数的输入格式规定如果格式控制串中含普通字符，那么在输入数据时，普通字符就必须按原样输入。本例中格式控制串"a=%d，b=%d，c=%d"中，除%d 外的部分均是一般字符，所以输入数据时应该全部按原样输入。

(3)【参考答案】【3】88

【要点与解析】本题重点考查 C 语言数值型数据的表示问题。

以 0 开头的数是八进制数。所以 x=0210 表示八进制数 210。"%x"表示以十六进制的形式输出，所以输出结果为 88。

(4)【参考答案】【4】a

【要点与解析】本题重点考查字符型数据的处理问题。

字符型常量的值是该字符的 ASCII 值，范围为 0～127。可以和对整型量一样对字符型数据进行算术运算。'z'的 ASCII 码值为 122，经过"c－25"运算后值为 97，以字符形式输出是字符 a。

(5)【参考答案】【5】scanf 【6】printf

【要点与解析】本题重点考查 C 语言中数据输入输出方法问题。

在 C 语言中，没有提供专门用来输入/输出数据的语句，数据的输入/输出用标准库函数来实现。格式化输出由标准库函数 printf 完成，该函数的功能是把内存中的数据按照指定格式输出到屏幕上，所以叫格式化输出函数。格式化输入由标准库函数 scanf 完成，该函数的功能是把从键盘上输入的数据按照指定格式存储到内存中，所以叫格式化输入函数。它们的原型包含在头文件 stdio. h 中。

(6)【参考答案】【7】/* 【8】*/

【要点与解析】本题重点考查 C 语言程序的结构特点。

注释是为了增强程序的可读性而在程序代码中加入的说明性信息。注释以"/*"开始，由"*/"结束。可以在除一条可执行语句内部之外的任何地方加注释。注释可以跨多行。注释部分在编译时被忽略。

(7)【参考答案】【9】函数

【要点与解析】本题重点考查 C 语言程序的结构特点。

函数是具有独立功能的命名的代码段。函数是 C 程序的基本结构单位。函数包括函数头和函数体两部分。函数有系统提供的标准库函数和用户自定义函数两种。

(8)【参考答案】【10】12,34

【要点与解析】本题重点考查格式化输入/输出函数的使用方法问题。

在 scanf 函数的输入格式说明中，变量 a 和 b 的格式控制符都为"%2d"，即 a 和 b 都只获取两个字符的输入。所以当输入"1234567"时，其前面的 4 个字符被分别赋给 a 和 b，其余的字符丢掉，所以输出结果为"12,34"。

(9)【参考答案】【11】a＝%d\nb＝%d\n

【要点与解析】本题重点考查格式化输入/输出函数的使用方法问题。

"\n"为转义字符，在输出时表现为换行；"%d"代表以整型的格式输出，其输出的值为后面变量列表相应位置变量的值。其他字符按原样输出。值得注意的是，如果要输出"%"、"/"这两种字符，则需要连续写两次，即遇到"%%"、"//"输出"%"、"/"。

第 13 章　表达式和简单程序设计习题答案与解析

1. 选择题

(1)【参考答案】A

【要点与解析】本题重点考查 C 语言中二元算术运算的问题。

在 C 语言中，二元算术运算包含：+、-、*、/和%五种，前面两种优先级相同(12)，后面三种优先级相同(13)，并规定，“%”运算符的操作数必须是整数，两个整数进行“/”运算结果为整数，否则为小数。因此，正确答案是选项 A)。

(2)【参考答案】B

【要点与解析】本题重点考查 C 语言中运算符和表达式相关问题。

C 语言中规定：赋值运算符的左边只能是变量。选项 D)中赋值号的左边 a+7 不是单个变量；取余运算“%”的操作数必须是整数，选项 C)中 18.5%3 非法；选项 A)中包含一个不合法的运算符“:=”；因此，正确答案是选项 B)，它实际上相当于 a=(b=c+2)，进而可分解为两个表达式：b=c+2 和 a=b。

(3)【参考答案】C

【要点与解析】本题重点考查 C 语言中关于语句的描述问题。

在 C 语言中，语句必须以分号结束；允许把多条语句使用一对“{}”括起来，叫做复合语句或语句块。从用户的角度说，复合语句就是一条语句。在复合语句中一般包括两部分，即局部定义语句和执行语句，格式如下：

```
{
局部定义语句;
执行语句;
}
```

当然，其中的任何一部分都可以省略。因此，选项 C)是错误的说法。

(4)【参考答案】B

【要点与解析】本题重点考查 C 语言混合运算表达式值的类型问题。

数据类型转换包含隐式类型转换和强制类型转换。前者是系统按照内部规则按由高向低的原则自动进行，规则是：char→short→unsigned short→int→unsigned int→long→unsigned long→float→double。

强制类型转换是用户使用语句强制把一种类型转换为另一种，格式是：

(类型标识符)表达式

表达式 a/b+c - k 中 b 的类型级别最高为 double 型,所以表达式值的类型是 double 型。

(5)**【参考答案】**A

【要点与解析】本题重点考查 C 语言运算符和表达式的问题。

C 语言规定,double 型数据相除结果为 double 型,所以不需要类型转换处理;此外"()"的优先级最高,也就是说式子中的任何部分只要用"()"括起来,它将首先运算;"*"和"/"的优先级别相同,结合性是从左向右。根据这些原则,与选项 A)等价的是(x×y)÷z,与选项 B)、C)、D)等价的都是 x÷(y×z)。所以,正确的选项是 A)。

(6)**【参考答案】**A

【要点与解析】本题重点考查 C 语言中类型转换和表达式求值问题。

x+y 的值为实型 7.200000,经强制类型转换变成整型 7。a%3 的值为 1,1*7 的值为 7,7%2 值为 1。两个整数相除的结果为整数,所以 1/4 的值为 0,与实型 x 相加,最终得结果为 2.500000,所以选项 A)是正确的。

(7)**【参考答案】**C

【要点与解析】本题重点考查 C 语言混合运算表达式值的类型问题。

数据类型转换包含隐式类型转换和强制类型转换。前者是系统按照内部规则按由高向低的原则自动进行,规则是:char→short→unsignedshort→int→unsigned int→long→unsigned long→float→double。

强制类型转换是用户使用语句强制把一种类型转换为另一种,格式是:

(类型标识符)表达式

表达式"10+'a'+i*f"中 i 的类型级别最高为 double 型,所以值的类型是 double 型。

(8)**【参考答案】**A

【要点与解析】本题重点考查 C 语言中运算符和表达式相关问题。

C 语言中规定:赋值运算符的左边必须是变量,可以连续使用赋值进行运算,如"a=b=c=exp";是正确的,赋值运算有简单赋值和复合赋值两种,运算的优先级相同。取余运算"%"的操作数必须是整数,选项 A)中 x%(-3)非法,因为 x 为 double 型;其他选项中均是合法的表达式。

(9)**【参考答案】**D

【要点与解析】本题重点考查"++"和"--"运算问题。

在 C 语言中,对于"++"和"--"运算,只有一点要求,那就是参加运算的对象必须是变量,不能是常量,也不能是其他表达式。所以只有选项 D)是正确的。

(10)**【参考答案】**C

【要点与解析】本题重点考查 C 语言中运算符和表达式相关知识。

C 语言中规定:赋值运算符的左边必须是变量,选项 A)中 y*5 是算式,所以错误。取余运算"%"的操作数必须是整数,选项 B)中 15.8 非法,选项 D)中 5.0 非法;所以选项 C)是正确的表达式,它是一个逗号表达式。

(11)**【参考答案】**A

【要点与解析】本题重点考查 C 语言中运算符和表达式相关知识。

在C语言中，赋值运算分为简单赋值和复合赋值运算两种，且规定运算符的左边必须是变量，不能是其他，所以选项B)和选项C)是错误的。选项D)中强制类型转换的格式应该是(double)(x)/10，所以错误。选项A)是逗号表达式，符合语法规则。

(12)**【参考答案】**C

【要点与解析】本题重点考查C语言中运算符和表达式相关知识。

逗号表达式是用逗号把几个表达式连接起来所构成的。逗号表达式的运算次序是自左向右依次计算每个表达式，整个逗号表达式的值为最后一个表达式的值。题中的"z=x++,y++,++y;"是一个逗号表达式语句，它由三个表达式连接而成。于是先处理z=x++，结果是z=1，x=2；然后处理y++，结果是y=2；最后处理++y，结果是y=3。于是输出结果为：2，3，1。

(13)**【参考答案】**B

【要点与解析】本题重点考查C语言中字符运算的相关知识。

在C语言中，字符型量可参与任何算术运算。参与运算时，首先要将字符转换为对应的ASCII码值再参与运算。字符1的ASCII码值是49，字符0对应的ASCII码值是48，字符\0的ASCII码值是0。因此，本题答案为B)。

(14)**【参考答案】**D

【要点与解析】本题重点考查C语言中字符型数据运算的相关知识。

由题意可知，小写字母a和大写字母A的ASCII代码相差为32，所以选项C)能将大写字符C的ASCII代码转换为小写字符c的ASCII代码；选项A)和C)左侧的表达式都是大写字符C与大写字符A的差与'a'的ASCII代码的和就是小写字符c的ASCII码。选项D)不能把大写转换为小写字母。因此，本题答案为D)。

(15)**【参考答案】**C

【要点与解析】本题重点考查C语言中运算符、常用库函数和表达式相关知识。

在C语言中提供了很多库函数来实现特殊运算，如函数pow(x,y)——计算x的y次幂；exp(x)——求e的x次幂；fabs(x)——求x的绝对值；sqrt(x)——计算x的算数平方根。这几个函数的原型均在"math.h"头文件中。因此，本题答案为C)。

(16)**【参考答案】**A

【要点与解析】本题重点考查C语言中运算符和表达式相关知识。

本例中给出的四个表达式依次是：后缀表达式、复合赋值表达式、一元表达式和二元表达式。根据处理规则，选项A)中后缀表达式k++的值是变量k增加前的旧值即0；其他选项中表达式的值均为1。因此，本题答案为A)。

(17)**【参考答案】**C

【要点与解析】本题重点考查C语言中字符型数据运算和输出控制相关知识。

在C语言中，字符常量在内存中占一个字节，存放的是字符的ASCII码值。所有的字符常量都作为整型来处理，在本题中输出语句用整型格式输出字符时，输出的是其ASCII码值。因为字符A和'D'的ASCII值分别为65和68，所以c2－2＝68－2＝66。因此，本题答案为C)。

(18)【参考答案】D

【要点与解析】本题重点考查C语言中运算符和表达式相关知识。

在C语言中，*、/运算优先级相同，据此判断，D)选项表示的是2abd/c，而不是2ab/(cd)。因此，本题答案为D)。

2. 填空题

(1)【参考答案】【1】16

【要点与解析】本题重点考查赋值表达式的求值问题。

赋值表达式的值就是所赋值变量的值，本题中a+=8相当于a=a+8，对表达式求解过程如下：

a+=(a=8)(此时，a的值由于赋值为8，而不是0)

a+=8

a=a+8

a=16

(2)【参考答案】【2】6.6

【要点与解析】本题重点考查混合表达式的求值问题。

本题最后一条语句，表示以浮点格式输出z的值，宽度为5，其中包含2位小数，应该注意的是，两个整型运算结果仍为整型，本题求解过程是：

16.00=9/2+2*x/1.1+1/2

16.00=4+2*x/1.1+0

12.00=2*x/1.1

所以，x的值为6.6

(3)【参考答案】【3】3

【要点与解析】本题考查逗号表达式、一元表达式和后缀表达式的相关知识。

逗号表达式的计算过程是从左到右依次计算由逗号分隔的各表达式的值，整个逗号表达式的值等于其中的最后一个表达式的值。一元表达式的值是变量改变后的值，后缀表达式的值是变量改变前的值。本题中，首先i被赋值为2，++i的值是3，最后i++的值也为3。

(4)【参考答案】【4】123.460000

【要点与解析】本题考查表达式求值和数据类型转换的相关知识。

一个整型数据和一个浮点型数据运算时，要把整型数据转换成浮点型数据，其结果也是浮点型数据。所以在本题中，表达式(int)(x*100+0.5)的值为整型数12346，然后再除以浮点数100.0，得其结果浮点数为123.460000。本例中表达式(int)(x*100+0.5)/100.0的作用是把x小数点后保留两位精度按四舍五入进行处理的过程。

(5)【参考答案】【5】10,11

【要点与解析】本题考查整型常量的表示、一元及后缀表达式相关知识。

变量 m 的值为八进制数字 011，对应的十进制数为 9；输出语句中的＋＋m 是一元表达式，其值是变量 m 自加后的值 10；n＋＋是后缀表达式，其值是变量 n 原来的值 11，所以输出结果是“10,11”。

(6)**【参考答案】**【6】a＝14

【要点与解析】本题考查逗号表达式和输出控制相关知识。

语句“a=(3 * 5,a+4);”赋值号的右边是一个逗号表达式，而逗号表达式(3 * 5,a+4)的值为其最后一个表达式 a＋4＝10＋4＝14 的值，所以程序输出为 a＝14。

第14章　分支程序设计习题答案与解析

1. 选择题

(1)**【参考答案】**C

【要点与解析】本题重点考查逻辑运算的终止和简单分支问题。

该题目的关键是要搞清楚“&&”和“‖”两个逻辑运算符的运算功能及逻辑运算短路知识。运算符“&&”和“‖”是双目运算符，要求有两个运算量。且规定逻辑与运算中，只有前面运算量的值为真时，才需要判别后面的值。只要前面为假，就不必判别后面的值。而逻辑或则为只要前面为真，就不必判别后面的值；只有前面为假，才判别后面。本例中j＋＋值为真，不再进行k＋＋的运算，所以k的值保持不变，然后还要算i＋＋的值。

(2)**【参考答案】**A

【要点与解析】本题重点考查三项条件表达式运算问题。

在C语言中，三项条件表达式的形式是：

表达式1？表达式2:表达式3

其处理过程是：当表达式1的值为真时，求表达式2的值为整个表达式的值；如果表达式1的值为假，则求表达式3的值为整个表达式的值。本例中表达式x＞12的结果为假，所以执行的语句是x－12，最终y的值应该是0，所以A)是正确选项。

(3)**【参考答案】**B

【要点与解析】本题重点考查三项条件表达式问题。

条件运算符要求有3个操作对象，它是C语言中唯一的一个三目运算符。表达式的一般形式为：

表达式1？表达式2:表达式3

其求解顺序是：先求解表达式1，若为非0(真)则求解表达式2，此时表达式2的值就作为整个条件表达式的值。若表达式1的值为0(假)，则求解表达式3，表达式3的值就是整个条件表达式的值。所以B)是正确选项。

(4)**【参考答案】**D

【要点与解析】本题重点考查C语言中关于语句的知识。

本例中选项A)是空语句，选项B)是逗号表达式语句，选项C)是if语句，而选项D)为两条语句。所以D)是正确选项。

(5)**【参考答案】**D

【要点与解析】本题重点考查逻辑与关系运算问题。

本例中选项 A)、B)和 C)的含义相同，表示 k 除以 2 的余数非零，也就意味 k 为奇数时为真，否则为假；而选项 D)中只有当 k 为 0 时，取反后为 1，除以 2 的余数为 1，这显然和前面三个选项的含义不相同，所以答案为 D)。

(6)【参考答案】B

【要点与解析】本题重点考查逻辑运算的终止问题。

该题目的关键是要搞清楚逻辑与“&&”和逻辑或“‖”两个逻辑运算符的运算功能及逻辑运算短路知识。运算符“&&”和“‖”是双目运算符，要求有两个运算量，逻辑与“&&”的优先级高于逻辑或“‖”，且规定逻辑与运算中，只有前面运算量的值为真时，才需要判别后面的值。只要前面为假，就不必判别后面的值。而逻辑或则为只要前面的值为真，就不必判别后面的值；只有前面的值为假，才判别后面的值。本例的语句“t=++x‖++y &&++z;”中，“++”运算优先级最高，其次是逻辑与(&&)优先于逻辑或(‖)优先于赋值运算符。由于++x 的值是 2(为真)，所以后面的++y 和++z 不再理，于是 y 的值是 1(不变)，所以答案为 B)。

(7)【参考答案】D

【要点与解析】本题重点考查三项条件表达式的相关知识。

条件运算符要求有 3 个操作对象，它是 C 语言中唯一的一个三目运算符，优先级较低，但高于赋值运算，其一般形式是：

表达式 1？表达式 2：表达式 3

三项条件表达式允许嵌套，即表达式 2 或表达式 3 本身可以是一个三项条件表达式。本例就是一个嵌套的例子，表达式 3 本身又是一个三项条件表达式。

其求解顺序是：若 w< x 为真，取 w 的值作为整个式子的值结束；否则再判 y < z，若为真，则取 w 的值作为整个式子的值结束，否则取 z 的值结束。因为 w< x 为真，所以式子的值为 1，选项 D)正确。

(8)【参考答案】D

【要点与解析】本题重点考查 if-else 嵌套的相关知识。

C 语言规定，else 子句总是与前面最近的不带 else 的 if 匹配，与书写格式无关，本题目的后一个 if-else 相当于嵌套在第一个 if 子句里，相当于 x<y&&y<0 时，z=0；当 x<y&&y>=0 时，z=z+1。所以正确答案是选项 D)。

(9)【参考答案】D

【要点与解析】本题重点考查使用比较和逻辑运算表示复杂条件的相关知识。

字符型数据在计算机内部是以 ASCII 码存储的，英文大写字母和小写字母在 ASCII 码表中都是连续的，大写字母 A 到 Z 是从 65 到 90，小写字母 a 到 z 是 97 到 122。所以只要变量 c 大于字母 a 的 ASCII 码并且小于字母 z 的 ASCII 码就能保证其为小写字母。选项 A)不管 c 为何字符条件永远为真；选项 B)表示所有大于字母 a 的 ASCII 码或小于字母 z 的 ASCII 码的字符条件为真；选项 C)中 and 不是合法的运算；所以只有 D)是正确的。

(10)【参考答案】B

【要点与解析】本题重点考查简单的 if 分支结构。

本题中 a 的值为 6,b 的值为 8,a<b 成立,所以执行 if 后的“s=b;”,s 的值变为 8,接着执行“s * =s;”语句,等价于“s=s * s;”,s 的值最终为 64,所以只有选项 B)是正确的。

(11)【参考答案】D

【要点与解析】本题重点考查关系和逻辑运算相关知识。

该题考查逻辑与“&&”、逻辑或“‖”以及逻辑非“!”运算的问题。选项 A)即 3&&4 为真,选项 B)即 3<=4 为真,选项 C)是一个逻辑或与逻辑与的混合运算,只要执行了逻辑或左半部分,程序将直接停止执行右半部分程序,因为 x 的值为真,此时选项 C)变为 1&&-1 为真。选项 D)不用计算,括号内逻辑或右边的值为 1,因而括号内的值为 1,再进行逻辑非运算得 0,所以 D)是正确的选项。

(12)【参考答案】C

【要点与解析】本题重点考查 if-else if 多路分支程序结构。

本例中,因为“b>='a'”并且“b<='u'”,所以执行第一个 if 语句“c=c+4;”,c 的值为字符 f,所以 C)是正确的选项。

(13)【参考答案】D

【要点与解析】本题重点考查 if-else 分支程序结构。

本例中,执行时先判断 if 语句,因为 a=b+c 的值是 0,为假,于是执行 else 后的语句,即输出“&&&”,所以 D)是正确的选项。

(14)【参考答案】D

【要点与解析】本题重点考查逻辑运算相关知识。

在 C 语言中,逻辑运算符有 3 个,它们分别是:!(逻辑非)、‖(逻辑或)、&&(逻辑与)。C 语言中规定,非零即为“真”。在表达式“x=(a&&b)&&(c<'B');”中,先判断 a&&b 条件,逻辑与条件的两边都要保证为 1,即 a 和 b 都成立,当然“c<'B'”是成立的,于是该表达式为真,其值为 1。所以 D)是正确的选项。

(15)【参考答案】C

【要点与解析】本题重点考查 if-else if 多路分支程序结构。

本例中,x 的值为 2,满足 x<10.0 的关系,所以程序将执行“y=1.0/x;”,y 的值等于 0.5。最后,用 printf 函数输出时,%f 的输出格式为小数点后保留 6 位,所以 C)是正确的选项。

(16)【参考答案】D

【要点与解析】本题重点考查 switch-case 多路分支程序结构。

switch 语句的执行过程为:进入 switch 结构后,对条件表达式进行运算,然后从上至下查找与条件表达式值相匹配的 case,以此作为入口,执行该 case 后面的各语句,直到遇到 break 语句,则跳出整个 switch 结构,如果各 case 都不匹配时则执行 default 后面的语句。

本题中 ch 为字符 H,所以“case 'H'”后的语句将被执行,由于没有 break 语句,所以“case 'G';”后的语句也被执行,由于同样缺少 break 语句,所以 default 后的语句也被执行了,所以 D)是正确的选项。

(17)**【参考答案】**B

【要点与解析】本题重点考查使用比较和逻辑运算表示复杂条件的相关知识。

C语言的字符以其ASCII码的形式存在，所以要确定某个字符是大写字母，只要确定它的ASCII码在'A'和'Z'之间就可以了。选项A)、C)和D)不符合要求，本题答案选B)。

(18)**【参考答案】**B

【要点与解析】本题重点考查使用比较和逻辑运算表示复杂条件的相关知识。

根据题意，满足表达式(c>=2&&c<=6)为"真"的整型变量c的值是2,3,4,5,6。当变量c的值不为2,4,6时，其值只能为3或5，所以表达式c!=3和c!=5中至少有一个为真，即不论c为何值，选项B)都为"真"。

(19)**【参考答案】**B

【要点与解析】本题重点考查简单的if分支结构。

题中两个if语句是相互独立的，它们的判断条件都不满足，程序只执行了"c=a;"这条语句，所以变量c的值等于3，变量b的值没有变化，程序输出的结果为3,5,3。所以正确答案为B)。

(20)**【参考答案】**D

【要点与解析】本题重点考查switch-case多路分支程序结构。

在C语言中，程序执行完一个case后的语句后，如果没有break语句，控制结构会转移到下一个case继续执行，直到遇到break语句，则跳出整个switch结构，如果各case都不匹配时则执行default后面的语句。

本例中，程序在执行完内部switch结构后，继续执行了外部switch结构的"case 2:"部分，最后a和b的值分别为2和1。所以正确答案为D)。

(21)**【参考答案】**D

【要点与解析】本题重点考查逻辑运算相关知识。

C语言中没有提供逻辑型数据，它用其他的类型表示逻辑数据。在C语言中，任何表达式都可以进行逻辑运算，并规定0值为"假"，非0值为"真"，因此，选项D)是正确的。

(22)**【参考答案】**C

【要点与解析】本题重点考查逻辑运算相关知识。

三项条件表达式的基本格式是：exp1? exp2 : exp3。处理过程是：先计算exp1，若非0(真)，则求exp2的值；否则求exp3的值，并把求得的值作为整个表达式的值。显然，是根据exp1的"真"或"假"，选择exp2和exp3中的一个进行处理，并获得了一个值。能表示(x-y)非0的只有C)。

(23)**【参考答案】**C

【要点与解析】本题重点考查if-else嵌套结构中if与else的配对问题。

if-else语句中的s1和s2自身可以是一个if-else语句，内层的if-else语句又可以包含if-else语句，像这种if-else语句中又含有其他if-else语句的情况，就称为if语句的嵌套。

if语句的嵌套结构对嵌套的层数没有要求，但一般不要超过三层。

在 if 的嵌套结构中,一定要注意 if 与 else 的配对关系。配对原则是:任何一个 else 总是与其上方距离其最近的还没有其他 else 与之配对的 if 配对。因此,选项 C)是正确的。

(24)**【参考答案】** C

【要点与解析】 本题重点考查 switch-case 多路分支相关问题。

switch 语句用来实现多路分支。其一般形式为:

```
switch(表达式)
{
case 常量表达式 1: 语句 1;[break;]
case 常量表达式 2: 语句 2; [break;]
...
case 常量表达式 n: 语句 n; [break;]
default:语句 n+1; [break;]
}
```

每个 case 后的 break 语句可以带也可以不带。default 语句不是必须的,但建议要带。其执行过程是:先计算表达式的值,并逐个与其后的常量表达式值相比较,当表达式的值与某个常量表达式的值相等时,即执行其后的语句,若没有 break,则将执行后面所有 case 后的语句。如表达式的值与所有 case 后的常量表达式均不相同时,则执行default 后的语句。遇到 break 就结束整个 switch 结构。break 语句除用于此处结束 switch 结构外,还可以用来结束循环结构。

(25)**【参考答案】** C

【要点与解析】 本题重点考查 if 分支结构相关问题。

“if(x>0)x——”后面缺少分号,应该为“if(x>0)x——;”因此,本题答案为 C)。

(26)**【参考答案】** D

【要点与解析】 本题重点考查二元运算和逻辑运算的相关问题。

因为 x 的值为大于 1 的奇数,所以 x 除以 2 的余数等于 1。所以选项 D) x%2==0 是错的,即等于 0。因此,本题答案为 D)。

(27)**【参考答案】** B

【要点与解析】 本题重点考查 if-else 分支结构。

由题意可知公式的含义是:当 x 大于等于 0 时,y 值等于 x 的算术平方根;当 x 小于 0 时,y 值等于 x 的相反数的算术平方根。所以选项 A)用一个完整的 if-else 语句实现了公式的功能;选项 C)用两个 if 语句实现公式的功能;选项 D)用三项条件表达式实现了公式的功能。本题答案为 B)。

(28)**【参考答案】** B

【要点与解析】 本题重点考查字符型数据、关系和逻辑运算相关知识。

选项 A)调用函数 isupper()来判断字符 c 是否为大写字母。选项 C)用逻辑与运算符来连接关系表达式“'A'<=c”和“c<='Z'”来判断 c 字母是否是大写字母。选项 D)用逻辑与运算符来连接关系表达式“c<=('z'-32)=Z”和“('a'-32)=A<=c”来判断 c 是

否是大写字母。这3个选项都符合题目的要求，而选项B)是先计算关系表达式"'A'<=c"的值，它要么是0要么是1，再比较该值与字符'Z'之间的大小关系，条件永远为真。因此，本题答案为B)。

2. 填空题

(1)**【参考答案】**【1】1,0

【要点与解析】本题重点考查逻辑运算的终止问题和if-else分支结构。

C语言中规定，任意类型的表达式都可以参加逻辑运算，并且表达式的值已经确定逻辑运算就终止。若已经确定参加逻辑与运算的两个量中第一个量为"假"，则整个式子的值就为"假"，就不再对第二个量进行运算，这样就可以节省时间，从而提高运行效率。由于++a的值是0，所以++a>0结果为"假"，就不再对第二个式子！(b--<=0)进行运算了。所以a的值为0，b的值为1。

(2)**【参考答案】**【2】0

【要点与解析】本题重点考查关系运算相关知识。

本题的关键在于对变量d的赋值运算：d=(5>4>3)。先算5>4，为真，得1，即：d=(1>3)，此时1>3为假，得0。

(3)**【参考答案】**【3】3

【要点与解析】本题重点考查if嵌套分支结构相关知识。

C语言的语法规定：else子句总是与前面最近的不带else的if相结合。因为x不大于y，所以执行"printf("%d\n",z);"语句。

(4)**【参考答案】**【4】1

【要点与解析】本题重点考查关系与逻辑运算相关知识。

本例中，计算表达式！a<b，先计算！a，因a的值为10，！a的值为0。关系表达式0<20为真，所以表达式！a<b的值为1。

(5)**【参考答案】**【5】7

【要点与解析】本题重点考查三项条件运算相关知识。

此表达式为三项条件表达式，++a是一元表达式，值为6；b--的是后缀表达式，值为6，所以++a==b--为真，于是整个表达式的值为++a的值，++a的值为7。

(6)**【参考答案】**【6】0

【要点与解析】本题重点考查关系与逻辑运算相关知识。

本例中，变量c为空格字符的ASCII码值，不为0，所以表达式！c的值为0，b=0&&1的结果显然为0。

(7)**【参考答案】**【7】#&

【要点与解析】本题重点考查switch多路分支结构的相关知识。

根据switch语句的执行过程可知，首先判断关系表达式a>0是否成立，这个表达式的结果为真，所以执行"case 1：分支"，再判断表达式b<0是否成立，由已知条件知道这个关系表达式的结果为假，因而退出内层switch结构，接着要执行"case 0：分支"，又因

为表达式 c==5 的值为真，所以输出符号"#"，退出内层 switch 语句，再执行"default: printf("&");"语句，输出符号"&"。

(8)**【参考答案】**【8】a:b 【9】c:t1

【要点与解析】本题重点考查三项条件运算的相关知识。

条件运算符要求有 3 个操作对象，它是 C 语言中唯一的一个三目运算符，优先级较低，但高于赋值运算，其一般形式是：

表达式 1? 表达式 2:表达式 3

三项条件表达式允许嵌套，即表达式 2 或表达式 3 本身可以是一个三项条件表达式。

本题连续使用两个条件表达式，求 a,b,c 的最大值。先判断 a 是否小于 b，若小于则 t1=a，否则 t1=b，这样 t1 就是 a,b 中较小的值；同理，再比较 t1 同 c 的大小，小的存入 t2 中，t2 就是 a,b,c 中的最小值。

第15章　循环程序设计习题答案与解析

1. 选择题

(1)**【参考答案】**D

【要点与解析】本题重点考查 for 循环控制结构问题。

本题是计算50之内满足条件的自然数的和。条件由表达式!(i%5)&&!(i%3)决定,即只能同时被5和3整除的数。1～49之间满足这个条件的只有3个数:15,30,45,因为s的初始值为1,所以s=1+15+30+45=91。故正确答案为D)。

(2)**【参考答案】**B

【要点与解析】本题重点考查 while 循环控制结构问题。

本例中 while 后的表达式t=1是将t赋值为1,所以循环控制表达式的值为1,表示"真"。一定要注意"="与"=="的区别。

(3)**【参考答案】**B

【要点与解析】本题重点考查 continue 语句的作用。

在C语言中,continue 语句的作用是跳过本次循环体中余下尚未执行的语句,接着再一次进行循环条件的判定。

本例中由 continue 语句把 for 循环的循环体分为上下两部分。程序实现的功能为:在10以内,若i为偶数则a增1,否则b增1。最终a和b分别存储了1～10以内偶数和奇数的个数,所以选项B)是正确的。

(4)**【参考答案】**B

【要点与解析】本题重点考查 while 循环控制结构。

在C语言中,while 循环的句法结构是"while(e)s;"。

执行过程是:只要e为真就执行s一次,当e为假结束。

本例中,e为!x!=0,其中"!"表示逻辑非运算符,"!="表示不等于运算符,逻辑非运算比不等于运算的优先级高。可以判断第一次循环结束后x=1,s=1;进入第二次循环时!x!=0为假,循环结束,所以选项B)是正确的。

(5)**【参考答案】**A

【要点与解析】本题重点考查 continue 和 break 语句的问题。

在C语言中,可以在循环体内和 switch 语句体内使用 break 语句,当 break 出现在 switch 语句体时,其作用是跳出该 switch 语句体;当 break 出现在循环体中,用来结束本层循环。continue 语句只能应用于循环结构，作用是跳过本次循环体中余下尚未执行的语句，接着再一次进行循环的条件判定。于是选项 A)是错误的说法。

(6)**【参考答案】**C

【要点与解析】本题重点考查 do-while 循环结构的有关问题。

do-while 语句的一般格式为：

```
do
        循环体语句;
    while(表达式);
```

其中循环体语句可以是复合语句，但必须用花括号括起来。while 后必须要有分号作为语句的结束。do-while 循环结构是后测循环，即是先执行一次循环体再进行条件判断，所以正确选项是 C)。

(7)**【参考答案】**C

【要点与解析】本题重点考查 for 循环控制结构。

本例属于事务型循环，因为它的结束条件是输入 0，循环次数不定。功能是求出输入序列的最大值(a 存储)和最小值(b 存储)，并输出。所以选项 D)是正确的。

(8)**【参考答案】**D

【要点与解析】本题重点考查 while 循环控制结构。

换行符是一个转义字符，应该是'\n'，而不是'\N'，所以选项 A)、选项 C)错误。选项 B)中，因为关系运算符"=="的优先级高于赋值运算符"="，所以 ch 得到的值是关系运算"getchar()=='\n'"的结果而不是从键盘输入的字符，因而也不正确，故正确答案为选项 D)。

(9)**【参考答案】**C

【要点与解析】本题重点考查 for 循环控制结构。

for 语句后括号中的表达式可以是任意有效的 C 语言表达式。本例的循环体部分为空语句，循环控制条件为 m<n，每次循环结束时，循环控制变量 m，n 就会分别被加 3 和减 1，可以得知三次循环执行后 m=9，n=7，满足了结束条件，所以 C)是正确选项。

(10)**【参考答案】**A

【要点与解析】本题重点考查 for 循环和 switch-case 多路分支相关问题。

在 C 语言中，switch 的语句格式为：

```
switch(表达式)
{
case 常量表达式 1:语句 1;[break;]
case 常量表达式 2:语句 2;[break;]
...
case 常量表达式 n:语句 n;[break;]
default:语句 n+1;[break;]
}
```

其执行过程是：先计算表达式的值，并逐个与其后的常量表达式值相比较，当表达式的值与某个常量表达式的值相等时，即执行其后的语句，若没有 break，则将执行后面所有 case 和 default 后的语句。如表达式的值与所有 case 后的常量表达式均不相同时，则执行 default 后的语句。遇到 break 就结束整个 switch 结构。

本例中，由 for 循环控制 i=1→4，执行 4 次 switch 语句，每次使 a 的值发生改变，过程如下所述。

第 1 次循环：i←1：a+=3(a←3)，a+=5(a←8)

第 2 次循环：i←2：a+=3(a←11)，a+=5(a←16)

第 3 次循环：i←3：a+=2(a←18)，a+=3(a←21)，a+=5(a←26)

第 4 次循环：i←4：a+=5(a←31)

所以选项 A)是正确的。

(11)**【参考答案】**A

【要点与解析】本题重点考查 while 循环和 switch-case 多路分支相关问题。

在 C 语言中，对于 switch 结构，若 case 后不带 break 语句，则执行的过程是：先计算 switch 后表达式的值，用这个值从前到后与每个 case 后面的值进行比较，若二者相等，则执行该 case 及其后面各个 case 所带的语句一次，包括 default 后的语句；若没有一个 case 的值与求得的值相等就执行 default 后的语句，若有 break 语句，遇到它就结束整个 switch 结构。

getchar 函数用来从标准输入设备上读入一个字符，putchar(c)函数是将字符变量 c 中的字符输出到标准输出设备上。本例中，while 循环是事务型，它控制从键盘上读入一系列字符，读到"回车换行符"结束，每次通过 switch 转换为相应的字符输出。不难分析，若输入"2743"后回车，while 循环执行 4 次，执行情况如下所述。

第 1 次循环：c←'2'，c-'2'==0，输出 66。

第 2 次循环：c←'7'，c-'2'==5，无输出。

第 3 次循环：c←'4'，c-'2'==2，输出 8。

第 4 次循环：c←'3'，c-'1'==1，输出 77。

所以输出结果为：66877，选项 A)正确。

(12)**【参考答案】**B

【要点与解析】本题重点考查 while 循环控制结构。

在 C 语言中，while 循环的一般结构是"while(e)s;"，只要 e 为真就执行 s 一次。本例中 while 循环共执行 3 次，情况如下所述。

第 1 次循环：n=9，n--，输出 8。

第 2 次循环：n=8，n--，输出 7。

第 3 次循环：n=7，n--，输出 6。

所以输出结果是：876，选项 B)正确。

(13)**【参考答案】**A

【要点与解析】本题重点考查 break 和 continue 语句的用法。

在 C 语言中，break 语句的作用是结束本层循环，而 continue 语句的作用是结束本次循环进入到下次循环。本例中 for 语句中省略了条件表达式，循环变为死循环，循环的结束由 break 语句完成，进一步分析可知 i==5 就结束循环。for 语句被执行 5 次，具体如下所述。

第 1 次循环：i=1。

第 2 次循环：i=2，x++。

第 3 次循环：i=3。

第 4 次循环：i=4，x++。

第 5 次循环：i=5，y++。

循环结束时：x=2，y=1，所以选项 A)正确。

(14)**【参考答案】**A

【要点与解析】本题重点考查 do-while 循环和 switch-case 多路分支相关问题。

在 C 语言中，对于 switch 结构，若 case 后不带 break 语句，执行过程是：先计算 switch 后表达式的值，用这个值从前到后与每个 case 后面的值进行比较；若二者相等，则执行该 case 及其后面各个 case 所带的语句，包括 default 后的语句；若没有一个 case 的值与求得的值相等就执行 default 后的语句，若有 break 语句，遇到它就结束整个 switch 结构。

getchar 函数用来从标准输入设备上读入一个字符。本例中，do-while 循环是事务型，它控制从键盘上读入一系列字符，读到"回车换行符"结束，每次通过 switch 结构来控制 v0、v1、v2 的变化。若输入"ADescriptor<Enter>"，do-while 循环执行 12 次，执行情况如下所述。

第 1 次循环：c←'A'，v1+=1，v0+=1，v2+=1　(v0=2，v1=1，v2=1)。

第 2 次循环：c←'D'，v0+=1，v2+=1　(v0=3，v1=1，v2=2)。

第 3 次循环：c←'e'，v1+=1，v0+=1，v2+=1　(v0=4，v1=2，v2=3)。

第 4 次循环：c←'s'，v0+=1，v2+=1　(v0=5，v1=2，v2=4)。

第 5 次循环：c←'c'，v0+=1，v2+=1　(v0=6，v1=2，v2=5)。

第 6 次循环：c←'r'，v0+=1，v2+=1　(v0=7，v1=2，v2=6)。

第 7 次循环：c←'i'，v1+=1，v0+=1，v2+=1　(v0=8，v1=3，v2=7)。

第 8 次循环：c←'p'，v0+=1，v2+=1　(v0=9，v1=3，v2=8)。

第 9 次循环：c←'t'，v0+=1，v2+=1　(v0=10，v1=3，v2=9)。

第 10 次循环：c←'i'，v1+=1，v0+=1，v2+=1　(v0=11，v1=4，v2=10)。

第 11 次循环：c←'r'，v0+=1，v2+=1　(v0=12，v1=4，v2=11)。

第 12 次循环：c←'\n'，v0+=1，v2+=1　(v0=13，v1=4，v2=12)。

所以选项 D)正确。

(15)**【参考答案】**D

【要点与解析】本题重点考查 for、while 和 do-while 三种循环结构问题。

选项 A)中循环表达式的条件永久为 1，并且小于 100 的数与 100 取余不超过 99，所以在循环体内表达式 i%100+1 的值永远也不会大于 100，break 语句永远不会执行，所以是死循环；选项 B)中 for 语句的括号内没有能使循环停下来的控制条件，是死循环；选项 C)中先执行 k++，使 k=10001，从而使循环陷入死循环。所以只有选项 D)不是死循环。

(16)**【参考答案】**A

【要点与解析】本题重点考查 while 控制结构。

不难分析,本程序段实现的功能是:从键盘上逐个输入字符,直到遇到'?'则结束输入,并把除'?'以外的其他字符输出到屏幕上,所以正确答案是 A)。

(17)**【参考答案】**D

【要点与解析】本题重点考查 for 控制结构和 continue 语句的用法问题。

在 C 语言中,continue 语句用于跳过本次循环体中余下尚未执行的语句,进行下一次循环条件判定。本例循环被执行了 4 次,执行情况如下所述。

第 1 次循环:x=8,输出 8。

第 2 次循环:x=6,输出 5。

第 3 次循环:x=4,输出 4。

第 4 次循环:x=2,输出 2。

所以输出的结果是:8,5,4,2,选项 D)是正确的。

(18)**【参考答案】**A

【要点与解析】本题重点考查 for、while 和 do-while 三种循环结构问题。

在 C 语言中,不论哪种循环,只要能控制循环条件由"真"变为"假",就不会成为死循环。选项 A)中变量 n 的值,先自加 1,再进行循环条件判断,此时循环条件 n<=0 不成立,跳出循环,所以正确答案为 A)。

(19)**【参考答案】**C

【要点与解析】本题重点考查 break 和 continue 语句的用法。

break 语句可以用于循环体和 switch 语句体内;continue 语句的作用是结束本次循环,即跳过本次循环体中余下尚未执行的语句,接着再一次进行循环的条件判断。执行 continue 语句并没有使整个循环终止。break 语句在循环体中的作用是使流程跳出本层循环体,从而提前结束本层循环,break 语句和 continue 语句在循环体中的作用不同。因此,本题答案为 C)。

(20)**【参考答案】**A

【要点与解析】本题重点考查 do-while 和 switch 结构的用法。

因为变量的初始值分别为 k=5,n=0,所以程序第 1 次进入循环时,执行 default 语句,这时 n=0,k=4;由于 case 后没有 break 语句,所以执行 case 4 后的语句,于是 n=2,k=3,输出 2;程序进入第 2 次循环,执行"case 3:"这个分支,结果是 n=3,k=2,打印出 3;程序然后进行第 3 次循环,执行"case 2:"、"case 4:"这个分支,结果是 n=5,k=1,打印出 5;因为 n=5 不满足 n<5 的循环条件,因此退出循环,程序运行结束。在屏幕上打印的结果是 235。因此,本题答案为 A)。

(21)**【参考答案】**B

【要点与解析】本题重点考查 for 循环嵌套结构的用法。

外层 for 循环的自变量 i 从 1 开始,每次循环后增 1,直到 i 等于 3 结束。对于外层循环自变量 i 的每一个值,内层循环的自变量 j 每次从 i 开始,每次循环后增 1,直到 j 等于 3 结束。所以在每次外循环开始后,内层循环先打印 i*j=两个乘数的积,然后回车换行,下次循环从下一行开始打印输出结果。因此，本题答案为 B)。

(22)【参考答案】B

【要点与解析】本题重点考查 do-while 循环结构的用法。

在 C 语言中，do-while 循环的语法结构是：

```
do
   s;
while(e);
```

执行过程是：先执行一次 s，然后判 e，若 e 为真再执行一次 s，否则退出 do-while 结构。本例中，do-while 循环执行 1 次，所以输出：0，1，选项 B)正确。

(23)【参考答案】C

【要点与解析】本题重点考查 for 循环结构的用法。

在 C 语言中，for 循环的语法结构是：

```
for(e1;e2;e3) s;
```

执行过程是：先求 e1，然后判断 e2，若 e2 为真就执行一次 s；然后处理 e3，再判断 e2，若 e2 为真就执行一次 s；然后再处理 e3，…，如此反复，当 e2 为假时就退出。本例中，for 循环的作用是输出 9～1 之间(3 的倍数减 1)，于是输出：852，选项 C)是正确的。

(24)【参考答案】C

【要点与解析】本题重点考查 for 循环嵌套结构。

本例中，外层循环 i=1 到 3，内层循环 j=3 到 i，循环条件是 j<=i，容易判断只有当 i=3 时执行一次循环，j=3，所以指向 m=m%j=55%3=1。于是选项 B)是正确的。

2. 填空题

(1)【参考答案】【1】1 换行 3 换行 5 换行

【要点与解析】本题重点考查 break 语句的用法。

在 C 语言中，break 语句的作用是结束语句所在的本层循环。本例中 for 循环的条件表达式为 i+1，永远为“真”，循环结束的控制就由 break 语句完成。循环执行情况如下所述。

第 1 次循环，i=1，输出：1 换行。

第 2 次循环，i=3，输出：3 换行。

第 3 次循环，i=5，输出：5 换行。

(2)【参考答案】【2】b=i+1

【要点与解析】本题重点考查 for 循环控制结构。

本题考查了 for 循环语句的执行过程。i+=2 是修正表达式，执行一次循环体后 i 的值就增加 2，i 的初始值为 0，每次加 2 之后和累加至 a，所以 a 的值就是 1～10 之间的偶数之和；b 的值是 1～11 之间的奇数和，但在输出 b 值时 c 去掉多加的 11，即为 1～10 之间的奇数之和。

(3)【参考答案】【3】852

【要点与解析】本题重点考查 continue 语句的作用。

在C语言中,continue语句用于跳过本次循环体中余下尚未执行的语句,进行下一次循环条件判定。本例for循环被执行了9次,只要y是3的倍数时,就输出--y的值,于是输出为:852。

(4)**【参考答案】**【4】0

【要点与解析】本题重点考查do-while循环控制结构、%和/运算。

%运算只能在整数之间进行,整数除/的结果还是整数。第一次执行循环体,因为k=1,r=1,n=20,所以k=1*20%10*1=0,n=20/10=2,r=2;第二次执行循环体,k=0*2%10*2=0,n=10/10=1,r=3;第三次执行循环体,k=0*1%10*3=0,n=1/10=0,r=4。所以k的值为0。

(5)**【参考答案】**【5】##2##4

【要点与解析】本题重点考查for循环控制结构。

在本例中,k的初始值为2,for语句中第三个表达式k++,k++是一个逗号表达式,等于每次循环后k增加2,于是对于k<6,循环共执行两次,具体情况如下所述。

第1次循环,k=2,输出:##2。

第2次循环,i=4,输出:##4。

所以输出结果是:##2##4。

(6)**【参考答案】**【6】0

【要点与解析】本题重点考查while循环控制结构。

while循环的基本结构是"while(e) s;"。当e为真才执行循环体s。本例中,e为"(ch=getchar())=='0'",输入1234567890<Enter>,由于"ch='1'",所以while循环一次也不执行。故执行次数是0。

(7)**【参考答案】**【7】54321

【要点与解析】本题重点考查while循环控制结构。

while循环的基本结构是"while(e) s;"。当e为真才执行循环体s。本例中,while循环的作用是输出整数n的逆序数,用到的主要知识是整除和取余。

(8)**【参考答案】**【8】k<=n 【9】k++(或++k,或k+=1)

【要点与解析】本题重点考查for循环与while循环控制结构的互换。

因为在for循环中,循环终止执行的判断条件为k<=n,每次执行循环后,循环控制变量k都会加1。所以用while循环来表示时,循环终止执行的判断条件仍为k<=n,在循环体中增加改变循环控制变量k的数值的语句k++或++k或k+=1。

(9)**【参考答案】**【10】ACE

【要点与解析】本题重点考查for循环控制结构。

因为表达式"i-'a'+'A'"的功能是将i对应的小写字母转换为其对应的大写字母,又因为for循环体每执行完一次,变量i的值自加两次。所以i的初值为'a',执行第一次循环后输出字母'A',同时,变量i的值为'c';第二次循环后输出字母'C',同时,变量i的值为'e';第三次循环后输出字母'E',同时,变量i的值为'g',循环条件不满足,循环终止。结果为ACE。

第16章　数组习题答案与解析

1. 选择题

(1)**【参考答案】** B

【要点与解析】 本题重点考查二维数字型数组的处理问题。

通过分析可知，程序中的双重循环为二维数组 a[8][8]赋值如下：

0　1　2

2　3　4

4　5　6

对于其他的元素，值是不确定的。程序中"for(i=0;i<8;i++)　x+=a[i][j];"的作用是求第4列元素的和，根据题意，第4列所有元素的值不确定，所以和也不确定，选项B)正确。

(2)**【参考答案】** D

【要点与解析】 本题重点考查一维数值型数组的处理问题。

通过分析可知，程序中 count 用来统计数组中能被2或能被5整除的元素个数，i 用来计算有多少个值为非0的元素，所以选项 D)正确。

(3)**【参考答案】** B

【要点与解析】 本题重点考查二维数值型数组的处理问题。

本例中，二维数组 a[3][3]存储情况如下：

1　2　3

4　5　6

7　8　9

后面的 for 循环执行3次，情况如下所述。

第1次循环，i=0，输出：7。

第2次循环，i=1，输出：5。

第3次循环，i=2，输出：3。

所以选项 B)是正确的。

(4)**【参考答案】** B

【要点与解析】 本题重点考查一维数组初始化的处理问题。

在C语言中，可以在定义数组的同时为数组元素初始化，格式是：

数据类型名　数组名[元素个数]={值列表}；

值列表是用逗号隔开的数据列表，若值的个数多于元素个数将发生错误，反之多余的元素赋0；系统逐个将数据赋给下标从0开始的多个元素。本题中，系统将5个初值赋给a[0]至a[4]，后面的元素被赋0。所以选项B)是正确的。

(5)**【参考答案】**B

【要点与解析】本题重点考查一维数组的处理问题。

本例是直接插入排序算法的实现过程。直接插入排序的原理是：依次把待排序的元素逐一按其值的大小插入到一个已经排好序的有序序列中去，直到所有的数据插完为止，得到一个新的有序序列。

这个题目的关键是前面的双重循环——第一个for循环的作用是实现对数组元素的遍历，内嵌的while循环的作用是排序。“while(j>=0 && t>c[j])”语句是控制排序的关键语句，它既实现了比较两个元素大小的作用，又实现了元素向后移动的作用，不断地把大的数据向前移动，直到找到一个比它小的或到数据的上界为止。因此实现的是对数组进行降序排列，选项B)正确。

(6)**【参考答案】**C

【要点与解析】本题重点考查二维数组的初始化问题。

C语言允许在定义二维数组的同时对数组元素初始化，格式有两种。

格式1：　数据类型标识符　数组名[行数][列数]={值列表}；

例如：　int a[2][3]={1,2,3,4,5,6}；

格式2：　数据类型标识符　数组名[行数][列数]={{值列表1},…,{值列表n}}；

例如：　int a[2][3]={{1,2,3},{4,5,6}}；

初始化需要注意：①值的个数应该与数组元素的个数相同或少于元素个数，若值的个数少，则多余的元素被赋0值；②行数可以省略，列数不可以省略；③采用按行赋值，即采用大括号中套大括号的方法时，内层大括号的个数要和行数对应。选项C)中内层大括号的个数与行数不对应，所以错误。

(7)**【参考答案】**C

【要点与解析】本题重点考查二维数组的定义和初始化方法问题。

C语言允许在定义二维数组的同时对数组元素初始化，格式有两种。

格式1：　数据类型标识符　数组名[行数][列数]={值列表}；

例如：　int a[2][3]={1,2,3,4,5,6}；

格式2：　数据类型标识符　数组名[行数][列数]={{值列表1},…,{值列表n}}；

例如：　int a[2][3]={{1,2,3},{4,5,6}}；

初始化需要注意：①值的个数应该与数组元素的个数相同或少于元素个数，若值的个数少，则多余的元素被赋0值；②行数可以省略，列数不可以省略；③采用按行赋值，即采用大括号中套大括号的方法时，内层大括号的个数要和行数对应。选项C)中省略了列数，所以错误。

(8)**【参考答案】**D

【要点与解析】本题重点考查二维数组元素的引用问题。

C语言规定，数组一旦定义，就可以使用元素来处理数据，又叫引用元素。对于二维数组，引用的一般格式是：数组名[行标][列标]。其中，行标和列标可以是任意合法的整型表达式。C语言中的数组下标是从0开始的，所以二维数组a[2][3]的第一维下标取值为0、1；第二维的下标取值为0、1、2，因而选项A)、B)、C)都是错误的，它们的行标或列标超出了范围，又叫越界。选项D)是正确的，表示数组元素a[0][0]。

(9)**【参考答案】**C

【要点与解析】本题重点考查一维数组的处理问题。

本例是一个典型的使用数组进行数据统计的问题。程序中，数组s[]存储了要统计的原始数据，数组c[]用来存储统计结果。数组c[]的元素个数，与s[]中所含元素种类个数一致。程序实现把元素n在s[]中出现的次数存储到c[n]中，由程序中第一个for循环"for(i=0; i<12; i++)　c[s[i]]++;"实现。第二个for循环语句"for(i=1;i<5;i++)　printf("%d",c[i]);"实现输出统计结果：4332。所以选项C)是正确的。

(10)**【参考答案】**B

【要点与解析】本题重点考查一维数组的定义和初始化问题。

在C语言中，可以在定义数组的同时为数组元素初始化，格式是：

数据类型名 数组名[元素个数]={值列表}；

值列表是用逗号隔开的数据列表，值的类型应该和数组定义的数据类型保持一致；若值的个数多于元素个数将发生错误，反之多余的元素赋0；[]中元素的个数可以省略。选项A)中值的个数多于元素个数，选项C)中数a的后面少了[]，选项D)中值的类型与数组类型不一致。所以只有选项B)是正确的。

(11)**【参考答案】**A

【要点与解析】本题重点考查二维数组的定义、初始化和处理问题。

本例中，最外层的for语句的自变量i是列下标，而内部的两个for语句的自变量j和k是行下标。所以由程序段可知，这是利用三重循环对二维数组a[4][4]的元素按列从小到大进行排列，所以最后排完序的结果为a[4][4]={{1,4,2,1},{3,6,3,2},{4,7,5,5},{8,8,6,7}}，最后一个for语句的功能是输出数组a[4][4]主对角线上的元素，因而输出为1,6,5,7。因此，本题答案为A)。

(12)**【参考答案】**B

【要点与解析】本题重点考查二维数组的定义、初始化和处理问题。

本例中利用两重for循环对二维数组a[4][4]的主对角线上的元素{1,6,2,1}实现按列从大到小排序，所以数组a[4][4]的值变为{{6,4,3,2},{8,2,5,7},{3,7,1,5},{4,8,6,1}}，最后输出数组a[4][4]第一行上的元素。所以输出结果为6,4,3,2。因此，本题答案为B)。

(13)**【参考答案】**B

【要点与解析】本题重点考查二维数组的存储问题。

在C语言中，二维数组中的元素是按"先行后列"的原则存储的，即存完了第一行存第二行，存完第二行存第三行……依次进行。数组a[3][6]共三行，每行6个元素，于是第10个元素是第二行第4个元素，因元素的下标从0开始，故为a[1][3]。因此，本题答案为B)。

2. 填空题

(1)【参考答案】【1】a[i][j]+b[i][j]

【要点与解析】本题重点考查二维数组的处理问题。

根据矩阵知识,两个 m*n 的矩阵,其和还是一个 m*n 的矩阵,其中的元素有以下关系:c[i][j]=a[i][j]+b[i][j]。此题用双重 for 循环结构来处理运算,外层 for 循环用来控制二维数组的行,内层 for 循环控制二维数组的列。

(2)【参考答案】【2】k=p;

【要点与解析】本题重点考查二维数组的处理问题。

本例是常用的顺序查找算法,其基本思想是:为要寻找数组中的最大元素的下标,需先预设 1 个临时最大元素的下标,并顺序逐一访问数组的元素,当发现当前元素比临时最大元素更大时,就用当前元素的下标更新临时最大元素下标。直至数组的全部元素被访问,该临时最大元素下标就是数组的最大元素下标。通常预设的最大元素下标是数组的首元素下标,从首元素开始顺序向后继元素探查。

程序中,存储临时最大元素下标的变量是 k,变量 p 控制顺序探查的循环控制变量。当发现当前元素 s[p]比临时最大元素 s[k]更大时,应该用 p 更新 k。所以应填入代码"k=p;"。

(3)【参考答案】【3】0

【要点与解析】本题重点考查二维数组的定义和初始化问题。

C 语言允许在定义二维数组的同时对数组元素初始化,格式有两种。

格式 1: 数据类型标识符 数组名[行数][列数]={值列表};

例如: int a[2][3]={1,2,3,4,5,6};

格式 2: 数据类型标识符 数组名[行数][列数]={{值列表 1},…,{值列表 n}};

例如: int a[2][3]={{1,2,3},{4,5,6}};

需要注意:①值的个数应该与数组元素的个数相同或少于元素个数,若值的个数少,则多余的元素被赋 0 值;②行数可以省略,列数不可以省略;③采用按行赋值,即采用大括号中套大括号的方法时,内层大括号的个数要和行数对应。本例采用第二种方法,数组 a 共三行,每行的首元素分别赋值 0,1,2,其他元素赋 0,所以 a[1][2]为 0。

(4)【参考答案】【4】i=1【5】x[i-1]

【要点与解析】本题重点考查一维数组的处理问题。

根据程序的功能:求出数组 x 中各相邻两个元素的和依次存放到 a 数组中,只要 i 从 1 到 9,求出 a[i-1]=x[i]+x[i-1],就可以实现。于是分别填入:i=1 和 x[i-1]。

(5)【参考答案】【6】c=getchar()【7】1

【要点与解析】本题重点考查字符数组的处理问题。

由程序实现的功能和代码可知,while 循环的控制条件是从终端输入的数据,从输入设备逐个获取字符应当使用 getchar()函数,将函数获取的字符存入字符型变量 c 中,所以应该填写 c=getchar();接着在循环体中用 if 语句判断获取的字符是否是大写字母,利用"c-A"的差作为数组 num[]的下标,对应 num[]元素的值加 1 进行字母数量的统计。

(6)**【参考答案】**【8】3 7 15

【要点与解析】本题重点考查一维数组的处理问题。

由程序可知数组 n 中相邻元素之间满足关系:n[i+1]=n[i] * 2+1,数组 n 在定义时初始化了第一个元素 n[0]=1,随后通过 for 循环逐个计算 n[1]、n[2] 和 n[3]的值,得 n[1]=3,n[2]=7,n[3]=15,并将其输出,结果是:3 7 15。

第 17 章　指针习题答案与解析

1. 选择题

(1)【参考答案】C

【要点与解析】本题重点考查指针和变量的问题。

指针是 C 语言的一个特色，允许使用一个指针指向变量，然后通过指针间接处理数据。使用指针处理变量需要两步：指向变量；取间接运算处理数据。研究指针问题，画图是一个很好的方法。

本例中，有 4 个变量和两个指针，它们之间的关系是：

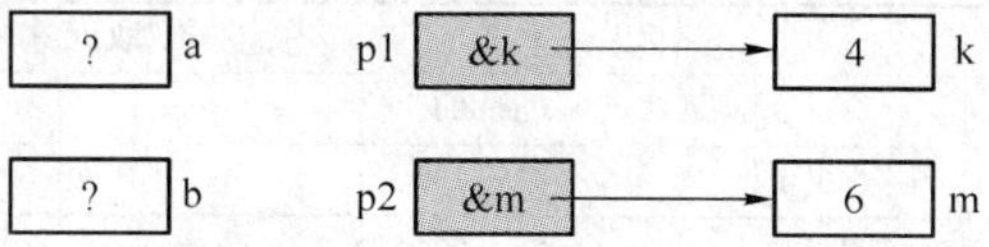

“a=p1==&m;”等价于“a=(p1==&m);”，即将 p1 是否等于 m 的地址的比较结果(值 0)赋给变量 a；“b=(*p1)/(*p2)+7;”等价于“b=4/6+7;”，即把表达式的值 7 赋给变量 b。所以，输出结果是 0，7，选项 C)是正确的。

(2)【参考答案】D

【要点与解析】本题重点考查指针初始化的问题。

C 语言允许使用指针指向变量，然后通过它间接处理数据。只要把变量的地址存到变量，指针就指向了变量，两个同类型的指针可以相互赋值。因此选项 A)、B)和 C)都是正确的，选项 D)是把变量 a 的值赋给了指针，所以是错误的。

(3)【参考答案】B

【要点与解析】本题重点考查指针和变量的问题。

C 语言允许使用指针指向变量，然后通过它间接处理数据。只要把变量的地址存到指针，指针就指向了变量。本例中指针 p 指向了 a，所以表达式 a=*p+1 就等价于 a=a+1，于是 a 的值是 11，所以选项 B)正确。

(4)【参考答案】A

【要点与解析】本题重点考查指针数组的问题。

在 C 语言中，指针是特殊的变量，它不能直接存储数据，只能存储其他变量的地址。可以和定义其他数组一样来定义指针数组，格式是：

数据类型标识符 * 数组名[元素个数];

本例中,"char * line[5];"定义了名字为 line 的指针数组,每个数组元素是一个类型为 char 的指针变量。所以选项 A)正确。

(5)【参考答案】A

【要点与解析】本题重点考查指针与一维数组的问题。

在 C 语言中,数组名是一地址常量,它是数组中第一个元素的存储地址,也叫数组的开始地址。把数组名赋给指针,指针就指向了数组的首元素,指针与数组的关系如下:

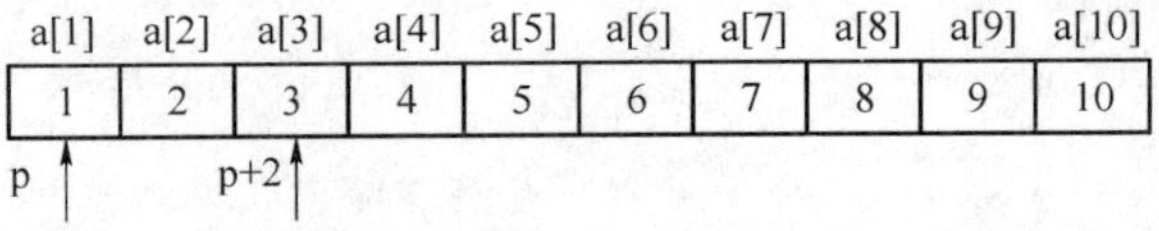

显然,p+2 是 p 所指向当前位置后方第二个数据的地址即 &a[3],*(p+2)的值就是 a[3]的值,所以选项 A)是正确的。

(6)【参考答案】D

【要点与解析】本题重点考查指针与一维数组的问题。

在 C 语言中,数组名是一地址常量,它是数组中第一个元素的存储地址,也叫数组的开始地址。把数组名赋给指针,指针就指向了数组的首元素。若有"int a[5], * p=a;",指针 p 指向了数组 a 后,指针 p 和数组元素之间的关系如下表所示。

取元素的地址			取元素的值			
a+0	p+0	&a[0]	*(a+0)	*(p+0)	a[0]	p[0]
a+1	p+1	&a[1]	*(a+1)	*(p+1)	a[1]	p[1]
a+2	p+2	&a[2]	*(a+2)	*(p+2)	a[2]	p[2]
a+3	p+3	&a[3]	*(a+3)	*(p+3)	a[3]	p[3]
a+4	p+4	&a[4]	*(a+4)	*(p+4)	a[4]	p[4]

引用数组中的元素只要下标不越界就可以。C 语言允许两个同类型指针相减运算,结果为两个指针之间的数据个数。本例 p-a 的值是 0,所以选项 A)表示的是 a[0],选项 B)表示 a[i],选项 C)也表示 a[i];而选项 D)中下标 10 越界,所以是错误的。

(7)【参考答案】A

【要点与解析】本题重点考查二维数组的处理问题。

在 C 语言中,数组名是一地址常量,它是数组中第一个元素的存储地址,也叫数组的开始地址。要理解好用指针处理二维数组问题,就必须先理解好二维数组的等效问题:一个二维数组 a[M][N]可以等效成一个含行数(M)个元素的一维数组,其中每个元素又是一个含列数(N)个元素的一维数组。若有数组 a[3][4],其等效关系如下图所示。

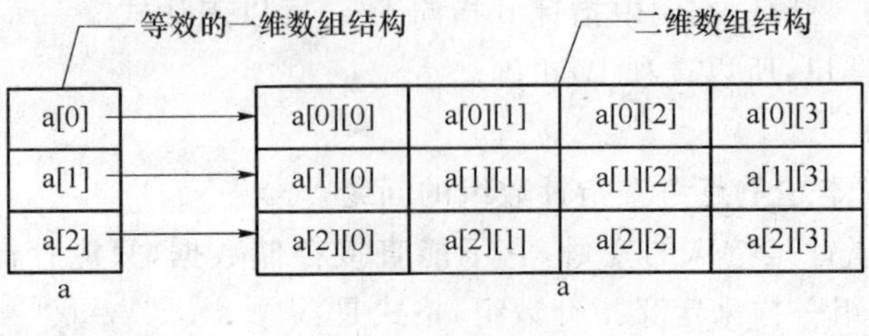

它可以等效为含 3 个元素 a[0],a[1],a[2]的一维数组,而 a[0],a[1],a[2]又分别是含 4 个元素的一维数组,各代表二维数组的一行。a[0],a[1],a[2]都是数组名,是地址常量,这是学习二维数组必须要很好地理解的一个问题。

之所以要建立以上的等效关系,主要是为了把使用指针处理二维数组的问题转化为处理一维数组的问题。有了上面的等效关系,根据指针与一维数组关系的理论不难得出:数组名 a 与 &a[0]等价,a+1 与 &a[1]等价,a+2 与 &a[2]等价,这表明对二维数组而言,对数组名 a 进行算术运算的结果是使指针在行间进行移动,而不是在元素之间进行移动。因为 a[0],a[1],a[2]也都是一维数组,所以又有 a[0]与 &a[0][0]等价,a[1]与 &a[1][0]等价,a[2]与 &a[2][0]等价,也就是说 a[0]是第一行行首的地址,a[1]是第二行行首的地址,a[2]是第三行行首的地址,更多的关系如下表所示。

表达式	含义
a, a+1, a+2	分别对应于 &a[0], &a[1], &a[2]
*a, *(a+1), *(a+2)	分别对应于 a[0], a[1], a[2]
a[0], a[1], a[2]	分别对应于 &a[0][0], &a[1][0], &a[2][0]
*a+1, a[0]+1	第一行第二个元素的地址,即 &a[0][1]
*(a+1)+2, a[1]+2	第二行第 3 个元素的地址,即 &a[1][2]
((a+i)+j), *(a[i]+j)	第 i+1 行第 j+1 个元素的值,即 a[i][j]

不难得出本例中 *(*(c+1)+1)对应的是 c[1][1],其值是 6,十六进制数是 6,c[2][2]的值是 62,十六进制数是 3e,故选项 A)是正确的。

(8)【参考答案】C

【要点与解析】本题重点考查指针与一维数组的问题。

在 C 语言中,数组名是一地址常量,它是数组中第一个元素的存储地址,也叫数组的开始地址。把数组名赋给指针,指针就指向了数组的首元素。本例中 p 指向了 a,*p+9 中运算符"*"的优先级高于"+",所以输出结果为 p 指向的元素 a[0],然后加 9,值为 10,选项 C)是正确的。

(9)【参考答案】B

【要点与解析】本题重点考查指针与一维数组的问题。

本例中的两个指针 p 和 q,p 指向了 a[3],q 指向了 p 后面的第二个元素 a[5],于是 *p=4, *q=6, *p+ *q=10。所以选项 B)是正确的。

(10)【参考答案】B

【要点与解析】本题重点考查指针与一维数组、指针与变量的问题。

选项 B)中 p2 为指向 int 型变量的指针,而 k 为 int 型变量,不能将 int 型变量直接赋值给指向 int 型变量的指针,所以选项 B)错误。

(11)【参考答案】D

【要点与解析】本题重点考查指针与变量的问题。

该程序的执行过程是:首先声明整型指针变量 p 和整型变量 i,字符型指针变量 q 和字符型变量 ch，将 i 的地址赋给指针变量 p，将 ch 的地址赋给指针变量 q，将 40 赋给 * p，此时，q 已经指向了一个具体的存储单元，但 ch 的值不确定，即 * p 没有确定的值，执行 * p= * q没有意义。

(12)**【参考答案】**B

【要点与解析】本题重点考查指针与一维数组的问题。

题中“ * p=a;”这一赋值语句是指针 p 指向了数组 a 的首元素，p+5 是 p 后方第 5 个元素的地址，即数组元素 a[5]的地址。

(13)**【参考答案】**A

【要点与解析】本题重点考查二维数组的处理问题。

本题选项 A 中 a+i 指向了数组 a 的第 i+1 行，*(a+i)则是第 i+1 行第 0 列的地址值，*(a+i)+j 指向了数组 a 第 i+1 行，j+1 列，*(*(a+i)+j)取到的是数组 a 的 a[i][j]的元素，详细解释参照第 6 题。

(14)**【参考答案】**B

【要点与解析】本题重点考查变量与指针的定义和初始化问题。

C 语言中规定如果要一次进行多个变量的定义，则在它们之间要用逗号隔开。因此选项 A)和 C)错误。在选项 C)中，变量 c 是一个浮点型指针，它只能指向一个浮点型变量，不能指向指针变量 b 。选项 D)中，a=0.0 和 b=1.1 之间使用分号不对，所以正确答案为 B)。

(15)**【参考答案】**D

【要点与解析】本题重点考查指针与一维数组处理的问题。

程序中，指针变量 p 先指向了 a[3]，执行－－p 后，p 指向了 a[2]，语句“y= * p;”的作用是把 a[2]的值赋给变量 y，所以输出为 y=3。

(16)**【参考答案】**A

【要点与解析】本题重点考查指针与一维数组处理的问题。

在 C 语言中，数组元素的下标是从 0 开始的。指针变量 p 指向数组的首元素 a[0]，(p+2)的作用是指向了 p 当前位置后面的第 2 个元素，即 a[2]，输出的是元素 a[2]的值，所以选项 A)是正确的。

(17)**【参考答案】**C

【要点与解析】本题重点考查通过指针录入数据的问题。

C 语言中规定，可以把变量的地址赋给指针，然后通过指针间接操作数据。需要把握两点：凡是需要使用变量地址的地方直接写指针名，凡是需要数据的地方则在指针名前加 *，即对指针取间接运算。指针指向变量后，使用 sacnf 为变量输入数据就有两种格式：scanf("…",& 变量名)或 scanf("…", 指针名)，所以选项 C)是正确的。

(18)**【参考答案】**B

【要点与解析】本题重点考查二维数组的处理问题。

C 语言中规定，一个地址量和整数进行加减运算得到还是地址量。本例中，表达式 &a[0][0]+2 * i+j－2 的值为 &a[0][0]+5，是 a[0][0]后方第 5 个元素的地址，即 &a[0][5]，所以输出的结果为 a[0][5]的值 78，选项 B)正确。

(19)【参考答案】D

【要点与解析】本题重点考查指针的定义和初始化问题。

定义指针变量的一般形式为：

数据类型名 * 指针变量名 1，* 指针变量名 2，…；

对一个指针变量初始化时要通过求地址运算符(&)获得变量的地址值，然后把地址值赋给指针变量。需要注意：不可以把整数值赋给指针；指针的类型必须与变量类型一致。因此，本题正确答案为 D)。

(20)【参考答案】A

【要点与解析】本题重点考查指针的定义、初始化和数据处理问题。

选项 B)中 *p 是错误的，该格式只能出现在指针定义语句中；选项 C)中 &p 是错误的，因为 p 的值是 &n；选项 D)中 p 是错误的，因为 p 的值是 &n，不是 n 的值；所以只有选项 A)是正确的。

(21)【参考答案】B

【要点与解析】本题重点考查指针数组和二维数组的处理问题。

本例中，语句"int a[2][3]，*p[3]；"定义了二维数组 a[2][3]和指针数组 p[3]。p 和 a 是数组名，它们是地址常量，不能对它们进行赋值运算，也不可以取其地址，所以 A)、D)是错误的；C)中数组 p[3]是错误的，下标越界。因此，本题答案为 B)。

2. 填空题

(1)【参考答案】【1】60

【要点与解析】本题重点考查行指针与二维数组的问题。

在 C 语言中，允许定义行指针来处理二维数组，定义格式是：

数据类型标识符（*指针名)[列数]=数组名；

行指针指向二维数组后，数组元素与指针间的关系是：*(*(p+i)+j)与 p[i][j]等价。所以*(*(p+2)+1)的值为 a[2][1]的值 60。

(2)【参考答案】【2】2　【3】2468

【要点与解析】本题重点考查指针数组与数组的问题。

在 C 语言中，允许定义指针数组，定义格式是：

数据类型标识符 * 指针数组名[个数]；

本例中定义了指针数组 p，它含 4 个元素；定义了一个一维数组 x，它含 16 个元素。C 语言中数组元素的下标从 0 开始，a[1]的值是 2。程序中 for 循环执行 4 次，具体情况如下所述。

第 1 次循环，i=0，p[0]=&x[1]，输出：2。

第 2 次循环，i=1，p[1]=&x[3]，输出：4。

第 3 次循环，i=2，p[2]=&x[5]，输出：6。

第 4 次循环，i=3，p[3]=&x[7]，输出：8。

所以输出的结果是：2468。

(3)**【参考答案】【4】** 4

【要点与解析】 本题重点考查指针与一维数组的问题。

程序中，指针 p 指向了 a[0]，执行语句“p++;”使用指针 p 指向了 a[1]，所以输出结果为 4。

(4)**【参考答案】【5】** * pmax= * px(或 * pmax=x，或 max= * px)

【要点与解析】 本题重点考查指针与变量处理的相关问题。

根据程序的功能：利用指针指向三个整型变量，并通过指针运算找出三个数中的最大值，容易发现，首先应该让 max=x，然后通过两个 if 分支，求出三个数的最大值，所以应该填入的语句是把 x 的值赋给 max，于是应该填入“ * pmax= * px”(或“ * pmax=x”，或“max= * px”)。

(5)**【参考答案】【6】** 40

【要点与解析】 本题重点考查指针与动态内存分配问题。

从语句“s1=s2=(char *)malloc(sizeof(char))”；可知，s1、s2 两个指针指向同一个内存单元，所以赋值语句“ * s1=15;s2=20;”的结果是内存单元中存的值为 20，所以“m= * s1+ * s2;”的结果就是 20+20=40。

第 18 章　字符串习题答案与解析

1. 选择题

(1)【参考答案】B

【要点与解析】本题重点考查字符串的输入问题。

在 C 语言中，使用字符型的数组存储字符串。本例中，定义 b 为整型数，c 为字符型数组，所以在输入语句的地址列表中，要在 b 前加上取址符“&”，而 c 就是字符数组的首地址，所以不用加上取址符“&”。所以选项 B)是正确的。

(2)【参考答案】D

【要点与解析】本题重点考查字符串的长度和占用字节数的区别问题。

本例中，定义了字符型数组 a，并为其初始化。strlen 计算的是一个字符串中实际字符个数，如果字符串放在字符数组中，则函数 strlen 的值为‘\0’之前的全部字符个数。而 sizeof 求出的是数据占据存储空间的字节数，当然也要包括字符串的结束标志符‘\0’。所以选项 D)是正确的。

(3)【参考答案】C

【要点与解析】本题重点考查指针数组和字符串处理问题。

C 语言规定，可以使用字符型二维数组存储多个字符串；可以使用字符型指针指向字符串。本题要搞清楚以下几点：①定义了一个指针数组 char * p[2]后，程序中第一个循环“for(i=0;i<2;i++)p[i]=ch[i];”的作用，是使指针数组的 p[0]指向了二维数组 ch 的第一行字符串，并使指针数组的 p[1]元素指向了二维数组 ch 的第二行字符串，这样，就使指针数组 p 和二维数组 ch 建立起了一种对应关系，以后对二维数组 ch 的某个元素的引用就有两种等价的形式：ch[i][j]或 p[i][j]。②对二维数组 ch 的初始化，使其第一行 ch[0]中存入了字符串“6937”，第二行 ch[1]中的内容为字符串“8254”。③程序中第二个循环中的循环体“s=s * 10+p[i][j]-'0';”的功能是这样的，每执行一次，将 s 中的值乘以 10，再将当前 p[i][j]中的字符量转换为相应的数字，然后把这个数字加到 s 的个位上。④注意到内层循环的循环条件“p[i][j]>'\0'”是指 p[i][j]中的字符只要不是字符串结束标志‘\0’就继续循环；语句“j+=2;”是使下标 j 每次增加 2，也即一个隔一个地从 p[i]所指向的字符串中取出字符。经过上述解析后，不难看出，该程序首先从 p[0]所指向的字符串“6937”中一个隔一个地取出字符，分别是‘6’和‘3’，然后从 p[1]所指向的字符串“8254”中一个隔一个地取出字符，分别是‘8’和‘5’，经过处理后为整数“6385”。所以选项 C)是正确的。

(4)**【参考答案】**B

【要点与解析】本题重点考查指针和字符串处理问题。

该题中,指针变量 p 指向了字符串 str 的首地址,p+3 指向的是字符串结束标志'\0'的地址,因而 *(p+3)的值为 0。所以选项 B)是正确的。

(5)**【参考答案】**A

【要点与解析】本题重点考查字符串处理函数 strlen 的使用问题。

在 C 语言中,strlen 函数的作用是计算字符串中实际字符的个数,不包含结束标志'\0'字符。该字符串中包含的字符是:'\t'、'\'、'\065'(ASCII 值为八进制 065)、'\xff'(ASCII 值为十六进制 ff)、'\n',均是转义字符,所以结果是 5,选项 A)正确。

(6)**【参考答案】**B

【要点与解析】本题重点考查不同类型数组初始化方法问题。

在 C 语言中,定义数组的同时可以初始化,格式是:

数据类型标识符 数组名[元素个数]={值列表};

注意几点:值的类型要与数据类型对应一致;值的个数要等于或少于元素个数;[]中元素的个数可以省略。本例中,选项 B)中值的个数多于元素个数,所以错误。

(7)**【参考答案】**C

【要点与解析】本题重点考查字符串的存储问题。

在 C 语言中,用字符型的数组存储字符串,数组的大小要比串的实际长度至少大 1,用来存储结束标志'\0'字符;此外还可以使用字符型的指针指向一个串;可以在定义数组和指针的同时进行初始化,格式分别是:

char 数组名[个数]=串;

char * 指针名=字符串;或 char * 指针名,指针名=串;

本例中,选项 A)中"* a="china";"错误;选项 B)中数组的元素个数太少;选项 D)中等价于"char c[4]=d[4]="abc";",错误,不能对数组整体进行操作,只有选项 C)是正确的。

(8)**【参考答案】**C

【要点与解析】本题重点考查指针、字符串和格式化输出问题。

本例中,指针 s 先指向了串首,即第一个字符的位置,"s+=2;"使 s 指向了后面的字符 c,s 的值就是字符 c 的地址,所以正确选项是 C)。

(9)**【参考答案】**D

【要点与解析】本题重点考查指针数组、字符串处理问题。

本例定义了指针数组 c,它含 4 个指针变量——c[0]、c[1]、c[2]、c[3],它们分别指向了字符串"European"、"Asian"、"American"、"African";所以选项 B)、C)是正确的;*(c+1)等价于 * c[1],所以是'A',选项 A)正确,只有选项 D)是错误的。

(10)**【参考答案】**D

【要点与解析】本题重点考查字符串的存储问题。

在 C 语言中,用字符型的数组存储字符串,数组的大小要比串的实际长度至少大 1,用来存储结束标志'\0'字符;此外还可以使用字符型的指针指向一个串;可以在定义数组和指针的同时进行初始化，格式分别是：

char 数组名[个数]=串；

char * 指针名=字符串；或 char * 指针名，指针名=串；

本例中，选项 A)、B)、C)都是正确的；选项 D)中"p=a="china";"错误，因为数组名 a 是地址常量，不能进行赋值操作。

(11)**【参考答案】**B

【要点与解析】本题重点考查字符串的处理和输出问题。

题中 for 循环的作用是查找串中 ASCII 码值最大的字符并把其下标存储到变量 j 中，j 的值为 2，for 后面的语句是把 a[j]置为 0，于是函数 puts(a)输出的是串 mo。选项 B)正确。

(12)**【参考答案】**C

【要点与解析】本题重点考查字符串处理函数 strcpy、strcat 的使用问题。

在 C 语言中，函数 strcpy 实现复制字符串，调用方式是：strcpy(字符数组，字符串)，其中"字符串"可以是字符串常量，也可以是字符数组。函数的功能是：将"字符串"完整地复制到"字符数组"中，字符数组中原有内容被覆盖。使用该函数时注意：①字符数组必须定义得足够大，以便容纳复制过来的字符串。复制时，连同结束标志'\0'一起复制。②不能用赋值运算符"="将一个字符串直接赋值给一个字符数组，只能用 strcpy()函数来处理。

函数 strcat 实现接字符串，其调用方式是：strcat(字符数组，字符串)，功能是把"字符串"连接到"字符数组"中的字符串尾端，并存储于"字符数组"中。"字符数组"中原来的结束标志，被"字符串"的第一个字符覆盖，而"字符串"在操作中未被修改。使用该函数时注意：①由于没有边界检查，编程者要注意保证"字符数组"定义得足够大，以便容纳连接后的目标字符串；否则，会因长度不够而产生问题。②连接前两个字符串都有结束标志'\0'，连接后"字符数组"中存储的字符串的结束标志'\0'被舍弃，只在目标串的最后保留一个'\0'。

综上，"strcpy(str+2，strcat(p1，p2))；"结果是"xyabcABC"，选项 C)正确。

(13)**【参考答案】**A

【要点与解析】本题重点考查字符串处理函数 strcpy 的使用问题。

C 语言不允许用赋值表达式对字符数组赋值，如下面的语句就是非法的：str1="China"，如果想把"China"这 5 个字符放到数组 str1 中，除了逐个地输入外，还能使用 strcpy 函数，该函数的功能是将一个字符串复制到一字符数组中。例如："strcpy(str1，"China")"；或"strcpy(str1，str2)；"。注意，不能企图用以下语句来赋值(将 str2 的值传给 str1)："str1=str2；"，不能用赋值语句将一个字符串常量或字符数组直接赋给一个字符数组。

strcpy 函数的结构是：

strcpy(字符数组 1，字符串 2)

需要注意的是，字符数组 1 的长度不应小于字符串 2 的长度，"字符数组 1"必须写成数组名形式，如(str1)，"字符串 2"可以是字符数组名，也可以是字符串常量，不能用赋值语句将一个字符串常量或字符数组直接赋给一个字符数组。

本例选项 B)中“strcpy(++a, st);”错,因为 a 是数组名,不能进行++运算;选项 C)中“strcpy(a, st);”错,因为数组 a 太小;选项 D)中“char a[ ], *p;”错,数组 a 的元素个数不能省略,所以只有选项 A)正确。

(14)**【参考答案】**D

【要点与解析】本题重点考查字符串存储问题。

在 C 语言中,使用字符型数组存储字符串,可以用给一般数组赋初值的相同方式给一维字符数组赋字符串,也可以在赋值时直接赋字符串常量。尽管选项 B)和 C)后面串中的‘\0’是多余的,不过也不错,在 C 语言中,系统会自动在字符串的末尾加上‘\0’作为串的结束标记。正确选项是 D)。

(15)**【参考答案】**B

【要点与解析】本题重点考查指针、字符串处理函数和串处理问题。

字符串连接函数 strcat 的调用形式是 strcat(s1,s2)。此函数用来把 s2 所指字符串的内容连接到 s1 所指的字符串后面生成一个新字符串,s1 一定是一个容量足够大的数组。本例中,指针 p 指向了数组 k,for 循环执行 3 次,每次控制把数组 a 中的串链接到 p 指向的串,情况如下所述。

第 1 次循环,p 指向的串为“china”。

第 2 次循环,p 指向的串为“chinaisa”。

第 3 次循环,p 指向的串为“chinaisabigcountry!”。

所以 i 的值是 19,选项 B)正确。

(16)**【参考答案】**C

【要点与解析】本题重点考查字符串处理相关问题。

在 C 语言中,除了在定义数组时把一个串使用“=”赋给数组外不允许通过赋值运算符对字符数组整体进行赋值,其他地方只能通过库函数对数组进行整体输入/输出。所以正确的选项是 C)。

(17)**【参考答案】**A

【要点与解析】本题重点考查字符输入和串处理相关问题。

C 语言规定,使用 scanf 录入字符串时,遇到空格就结束;大写字母比它对应的小写字母 ASCII 码值小 32,并且字符可以看作整数进行算术运算等操作。本例的 while 循环实现对串进行如下处理:若为大写字母 A,则转换为小写字母,其他不变,所以运行结果为:ahaMa。选项 A)是正确的。

(18)**【参考答案】**C

【要点与解析】本题重点考查指针与字符串处理相关问题。

本段程序中,指针 p 指向了字符串“lanuage”,while 循环的作用通过指针 p 控制输出字符串“lanuage”中字母 u 之前的字符,并将其转化为大写字母。所以选项 C)是正确的。

(19)**【参考答案】**B

【要点与解析】本题重点考查字符串相关知识。

在 C 语言中,字符串是使用一对双引号括起来的 0 个或多个字符;字符串的长度是双引号中括起来的实际字符个数;在存储字符串时,系统自动以‘\0’结束,长度为 n 的串需要 n+1 个字节的存储空间；C 语言使用字符型的数组来存储字符串。因此本例的四个选项中，选项 B)是错误的。

(20)**【参考答案】**B

【要点与解析】本题重点考查指针和字符串处理相关知识。

本题先使指针 p 指向了串首，然后对字符串“tomeetme”进行选择式输出，从第一个字母开始，每输出一个字符即跳过一个，所以输出结果为“tmem”，选项 B)是正确的。

(21)**【参考答案】**D

【要点与解析】本题重点考查指针和字符串处理相关知识。

本例是字符串处理的一个典型问题。功能是实现把两个有序字符串合并成一个新的有序的字符串，其中数组 a[]和 b[]分别用来存放原始串，数组 c[]用来存放合并后的新串。要认真领会三个 while 循环所起的作用。

(22)**【参考答案】**C

【要点与解析】本题重点考查指针、字符串和字符串处理函数的相关知识。

strlen 和 strcpy 是 C 语言中两个重要的字串处理函数，前者的功能是求字符串的长度，并返回字符个数，不计最后的‘\0’，后者的功能是把后面的字符串复制到前面字符串所指向的空间。所以输出结果是 4，选项 C)正确。

(23)**【参考答案】**D

【要点与解析】本题重点考查字符串输入的相关知识。

在 C 语言中，字符串的输入可以有两个函数实现：scanf 和 gets。使用格式分别是：

scanf("%s",地址)；

gets(地址)；

两者的区别是：gets 可以录入空格，scanf 不可以。

本例中，选项 A)、B)、C)均符合语法要求，选项 D)中 s[1]不是地址，所以错误。

(24)**【参考答案】**A

【要点与解析】本题重点考查字符串存储及处理的相关知识。

在 C 语言中使用字符型的数组存储字符串，既可以像一般数值型数组那样为字符型数组初始化，也可以使用字符串常量为数组初始化。本例中是使用前者给 p 和 q 数组赋初值的，系统会自动添加字符串结束符，它们都有 3 个字符，所以长度均为 3。因此选项 A)是正确的。

(25)**【参考答案】**B

【要点与解析】本题重点考查指针与字符串处理的相关知识。

题中指针变量 p 指向了字符串中的首地址，p+3 指向的是字符串结束标志‘\0’的位置，因而 *(p+3)的值为 0，选项 B)是正确的。

(26)**【参考答案】**C

【要点与解析】本题重点考查常用字符串处理函数的相关知识。

strlen、strcpy 和 strcat 是 C 语言中三个重要的字串处理函数，strlen 的功能是求字符串的长度，并返回字符个数，不计最后的‘\0’；strcpy 的功能是把后面的字符串复制到前面字符串所指向的空间，把原来的内容覆盖；strcat 的功能是把两个字符串链接生成一个新串。本例中，strlen(q)的值是3，所以p+strlen(q)是后方第三个元素的地址，即&p[3]，"strcpy(p+strlen(q),r);"的作用是把串r复制到数组p[4]开始的元素中，于是p中的内容变为"abcabcde"；strcat(p,q)是把q中的串链接到p中，所以p中的内容变为"abcabcdeabc"，所以sizeof(p)的值是20，strlen(p)的值是11。因此，本题答案为C)。

(27)**【参考答案】**B

【要点与解析】本题重点考查常用字符串处理函数的相关知识。

strlen、strcpy和strcat是C语言中三个重要的字串处理函数，strlen的功能是求字符串的长度，并返回字符个数，不计最后的'\0'；strcpy的功能是把后面的字符串复制到前面字符串所指向的空间，把原来的内容覆盖；strcat的功能是把两个字符串链接生成一个新串。本例中，strcat(p,r)是把r中的串连到p生成新串，p中的内容变为"abcdabcde"；strlen(q)的值是3，p+strlen(q)的值是&p[3]，于是执行语句"strcpy(p+strlen(q),q)"后，p中的内容变为"abcabc"；所以strlen(p)的值是6。因此，本题答案为B)。

(28)**【参考答案】**A

【要点与解析】本题重点考查指针和字符串处理的相关知识。

在程序中语句"pc=ch;"的功能是指针pc指向字符串数组ch[ ]的首地址，而"*(ps+5)"表示字符串数组ch中第6个字符'z'。因此，本题答案为A)。

(29)**【参考答案】**B

【要点与解析】本题重点考查格式化输入函数scanf和字符串输入的相关知识。

在C语言中，函数scanf的作用是按指定格式把从键盘上输入的字符流转换成相应类型数据存入内存中。本例中，格式串为"%2d%f%s"，意为取2位转换成整数存入i，取一个小数存入f，取一个字符串存入数组name，应该注意的是使用scanf录入串时遇到空格就结束，所以，i=55，f=566.0，name中是串"7777abc"。因此，本题答案为B)。

(30)**【参考答案】**A

【要点与解析】本题重点考查指针和字符串的相关知识。

本例中，指针q指向了字符型数组p的首地址，所以p，q的值都是&p[0]，而*p，*q，p[0]的值都是字符'1'，于是sizeof(p)的值是字符型指针占用的空间大小，而不是char型数据占用空间大小。

(31)**【参考答案】**D

【要点与解析】本题重点考查字符串的相关知识。

在C语言中，只有字符串型的常量没有字符串型的变量，字符串由字符型的数组来存储，选项A)是错误的。在C语言中，任意两个字符串都可以比较大小，且由系统提供的字符串比较函数strcmp来进行，不能直接用关系运算符进行比较。选项B)和C)错误，空串是长度为0的串，它比任何非空串都小。因此，本题答案为D)。

2. 填空题

(1)**【参考答案】【1】**sp=str[i]

【要点与解析】本题重点考查指针与字符串处理问题。

题中二维数组的第一行的首地址赋给字符指针sp，使sp指向了二维字符数组的一个字符串。求字符串长度函数 strlen 比较当前字符串与数组的下一个元素的字符串的长度，如果当前字符串的长度小于下一个元素的，则指针 sp 又指向了下一个元素，直到比较到数组的最后一个元素，得到的 sp 指针所指向的字符串即为长度最长的字符串。

(2)**【参考答案】**【2】n/base 【3】c[i]

【要点与解析】本题重点考查字符串处理问题。

本例中用两个字符型的数组来解决问题——数组 b 存储了十六进制的数据码 0～F，数组 c 存储分离出的十六进制整数。

题目中用了两个循环，第一个是 do-while 结构控制把输入的长整数 n 分离为十六进制整数，存储到数组 c 中，其中 c[0]存最低位，所以应填入 n=n/base。不难发现 i 的值比分离出的位数多 1。第二个是 for 循环，控制把分离出的 c[i]显示为十六进制数 b[c[i]]，所以应填入 c[i]。

(3)**【参考答案】**【4】k 【5】－1

【要点与解析】本题重点考查字符串处理问题。

颠倒一个字符串中的字符，就是首尾对应的元素两两交换。简单地可用两个游标变量 i 和 j，i 是前端元素的下标，j 是后端元素的下标，交换以这两个变量值为下标的元素 str[i]和 str[j]。开始时，i 的值为 0，j 的值为字符串末元素的下标(字符串长度减 1)。每次交换后，i 增 1，j 减 1。继续交换的条件是 str[i]还位于 str[j]的前面，即 i<j。字符串末元素的下标是它的长度减 1，所以在第二个空框处应填入－1。程序为了交换 str[i]和 str[j]，使用了变量 k，该变量应在程序的变量定义部分中一起定义，所以在第一个空框处应填入 k。

(4)**【参考答案】**【6】c1! ='' && c2==''

【要点与解析】本题重点考查字符串处理问题。

本例的基本思想是：用两个变量 c1，c2 分别存储当前字符和当前位置的前一个字符，然后从前往后逐个字符遍历整个串，如果满足 c1 不是空格而 c2 是空格，则读到了一个单词，num++记录单词数，所以应该填入“c1! ='' && c2==''”。

(5)**【参考答案】**【7】a[i]>a[j]

【要点与解析】本题重点考查字符串处理问题。

本例是使用冒泡排序法进行排序处理。需要注意一点：由于题目只要求将下标值为偶数的元素从小到大排序，所以内外层 for 循环的条件变量变更条件都是+=2。最后通过条件 a[i]>a[j]对元素大小进行判断并交换。

(6)**【参考答案】**【8】BCD 换行 CD 换行 D 换行

【要点与解析】本题重点考查指针与字符串处理问题。

使用 printf 函数输出字符串时，开始地址很重要。在本题中指针变量 p 首先指向了字符串中的第二个字符 B，for 循环执行 3 次，具体情况如下所述。

第 1 次循环，p=s+1，输出结果是：BCD 换行。

第 2 次循环，p=s+2，输出结果是：CD 换行。

第 3 次循环，p=s+3，输出结果是：D 换行。

(7)**【参考答案】**【9】9

【要点与解析】本题重点考查字符串存储的相关知识。

strlen 函数的作用是测量字符串中字符的个数，不包括结束字符'\0'，字符串"IBM\n012\1\\"中，'\n'表示换行字符，"\\"表示反斜杠字符'\'，所以字符串"IBM\n012\1\\"的长度为 9，输出结果是 9。

(8)**【参考答案】**【10】5 4

【要点与解析】本题重点考查字符串存储的相关知识。

strlen 函数的作用是测量字符串中字符的个数，不包括结束字符'\0'。sizeof 是 C 语言的运算符，作用是求对象占用内存的字节数，对于字符串而言，就是串占用的空间，比 strlen 的值多 1。本例中，数组 a 存储了串"1234"，strlen(a)和 sizeof(a)的值分别是 4 和 5。输出结果是"5 4"。

第 19 章　函数习题答案与解析

1. 选择题

(1)【参考答案】B

【要点与解析】本题重点考查函数的定义和传值调用问题。

函数调用就是把实参传递给被调用函数处理的过程，调用函数时要把握几点：第一是有返回值的函数可以出现在其他表达式中参与运算，无返回值的函数只能以单独语句出现，不可以出现在其他表达式中。第二是实参的个数和类型与形式参数对应一致，若不一致系统将进行数据类型转换。

本例中，利用强制转换类型转换运算符将一个表达式转换成了所需类型：(int)(x+y)是将 x+y 的值转换成整型。本题可按部就班地逐步运算：

```
fun((int)fun(a+c,b),a-c)
fun((int)fun(10,5),2-8)
fun((int)15.000000,-6)
fun(15,-6)
9
```

所以选项 B)是正确的。

(2)【参考答案】A

【要点与解析】本题重点考查函数的定义、传地址和传数组等问题。

函数的参数不仅可以是整型、实型、字符型等数据，还可以是指针和数组等。它的作用是将一个变量的地址、一个数组传递到另一个函数中。向函数传递地址或数组时，在技术上都实现了调用函数与被调用函数共享同一内存空间的问题。当数组名作参数时，如果形参数组中的各元素的值发生变化，实参数组元素的值随之发生变化。

本例中，函数 func 有两个形参，第一个是指针，第二个是数组，main 函数把 a 的地址和数组名 b 做实参，这样函数 func 和 main 共同享有变量 a 和数组 b 的空间，func 和 main 函数都可以操作它们。于是 func 函数操作"b[0]= *a+6;"为 b[0]赋了 6，main 函数输出 b[0]的值就是 6，选项 A)是正确的。

(3)【参考答案】B

【要点与解析】本题重点考查函数的定义、传字符串问题。

在 C 语言中，若要向函数传递字符串，被调用函数的形参可以使用两种形式：数组形式和指针形式，本例使用了后者。被调用函数 ss(char * s, char t)的作用是把给定串 s 中给定的字符 t 转换为对应的大写字母，根据题意就是把串“abcddfefdbd”中的所有‘d’转换为‘D’，于是输出结果为“abcDDfefDbD”，即选项 B)是正确的。

(4)**【参考答案】**D

【要点与解析】本题重点考查函数的定义和调用问题。

函数调用就是把实参传递给被调用函数处理的过程，调用函数时要把握几点：第一是有返回值的函数可以出现在其他表达式中参与运算，无返回值的函数只能以单独语句出现，不可以出现在其他表达式中。第二是实参的个数和类型与形式参数对应一致，若不一致系统将进行数据类型转换。

本例中，函数“void fun(char ch, float x)”没有返回值，所以不能出现在算式中，于是选项 B)错误；它有两个形式参数，是一般变量，只能接收值，所以 A)错误；选项 C)中实参‘65’的表示错误，所以只有 D)是正确的。

(5)**【参考答案】**A

【要点与解析】本题重点考查函数的定义、传数组问题。

在 C 语言中，若要向函数传递数组，被调用函数的形参可以使用两种形式：数组形式和指针形式，本例使用了前者。被调用函数“reverse(int a[], int n)”的作用是把给含 n 个元素的数组 a[]首尾逆置。在 main 函数中，调用 reverse 函数将 b 数组中的前 8 个成员进行互置，执行完毕后，b 数组中的成员为“{8,7,6,5,4,3,2,1,9,10}”，然后再执行 for 循环结构，将“b[6],b[7],…,b[9]”的值相加，结果为 22。故选项 A)是正确的。

(6)**【参考答案】**A

【要点与解析】本题重点考查函数的定义、调用和字符串处理问题。

在 C 语言中，若要向函数传递字符串，被调用函数的形参可以使用两种形式：数组形式和指针形式，本例使用了后者。被调用函数 fun(char * str)的作用是给定串 str 中的“空格字符”全部删除，根据题意若 main 函数提供串“asd af aa z67”，则输出结果为“asdafaaz67”，即选项 A)是正确的。

(7)**【参考答案】**D

【要点与解析】本题重点考查命令行参数问题。

在 C 语言中，每个程序有且必须有一个名字叫 main 的函数。程序的执行是由 main 函数的开始而开始，由它的结束而结束。其他函数都是在开始执行 main 函数以后，通过函数调用而得以执行的。在调用的过程中，调用函数可以向被调用函数传递参数。main 函数由操作系统调用，它也可以带参数，由操作系统传递数据，这些数据需要在操作系统的 DOS 命令行输入，所以叫命令行参数。要接收参数，main 函数的定义格式是：main(int argc, char * argv[ ])，其中第一个参数是 int 型变量，用来记录用户输入参数的个数，第二个是 char 型指针数组，用来存指向户输入的参数串。

本例中，argc 的值是 3，argv[2]指向了“IJKL”，argv[1]指向了“ABCDEFGH”，argv[0]指向了“PROG”，所以输出结果是“IJKABCDEFGH”，选项 D)正确。

(8)**【参考答案】**C

【要点与解析】本题重点考查函数调用的有关知识。

函数定义是按照规则书写完成函数功能的代码；函数调用就是按照一定的格式去执行被调用函数，格式是：函数名(实参列表)；实参列表是使用逗号隔开的多个表达式，个数上必须与形式参数的个数一致；除返回值类型为 int 或 char 外，函数必须先定义后调用。因此选项 C)是错误的。

(9)【参考答案】A

【要点与解析】本题重点考查函数的有关知识。

关于 C 函数的概念，我们应该掌握以下知识。

① C 程序是由函数构成的。

② 一个函数由两部分组成：函数的首部和函数体。

③ 一个 C 程序总是从 main 函数开始执行的，而不论 main 函数在整个程序中的位置如何(main 函数可以放在程序最开始，也可以放在程序最后，或写在一些函数之前，在另一些函数之后)。

④ C 程序在书写上，表现形式比较自由，一行内可以写几个语句，一个语句可以分写在几行上。每个语句和数据定义的最后必须有一个分号。

⑤ 可以用"/＊……＊/"对 C 语言的程序作注释。

(10)【参考答案】D

【要点与解析】本题重点考查函数的定义和传数组有关知识。

在 C 语言中，若要向函数传递数组，被调用函数的形参可以使用两种形式：数组形式和指针形式，本例使用了后者。被调用函数 fun(int ＊a, int n)的作用是返回给定数组中最小值的下标值。该程序先判断 a[i]<a[p]，如果条件为真，则 a[i]比当前的设定的最小值小，那么将 i 赋给 p，即将比较过的最小的元素下标保留在 p 中，作为下面判断的标准。所以选项 D)是正确的。

(11)【参考答案】C

【要点与解析】本题重点考查函数的定义和传数组有关知识。

在 C 语言中，若要向函数传递数组，被调用函数的形参可以使用两种形式：数组形式和指针形式，本例使用了前者。被调用函数 sort(int a[], int n)的作用是对 a 数组中的 n 个数据进行由大到小的排序。函数调用的语句是：sort(&aa[3], 5)，即实现把 aa[3]后面的 5 个元素进行由大到小的排序，所以输出的结果是"1,2,3,8,7,6,5,4,9,10,"，选项 C)是正确的。

(12)【参考答案】C

【要点与解析】本题重点考查函数的定义、传数组和静态变量的有关知识。

在 C 语言中，若要向函数传递数组，被调用函数的形参可以使用两种形式：数组形式和指针形式，本例使用了前者。向函数传递数组时，在技术上都实现了调用函数与被调用函数共享同一内存空间的问题。对形参数组中的各元素的操作，就是对实参数组元素的操作。

使用 static 关键字定义的变量属于 static 型变量，也叫静态变量。既可以在函数内部定义，也可以在函数外部定义。在函数内定义的变量叫局部静态变量，在全局区定义的变量叫全局静态变量。局部静态变量是系统首次执行变量所在的函数时为其分配一次存储空间，之后该变量就一直驻留在内存中，直到整个程序运行结束。若再次调用函数执行，也不再分配空间。该类型变量的作用范围是它们所在的语句块，生命期是整个程序的运行时间。

本例中，第一次执行 fun(a)后，a[0]=3，a[1]=5。第二次执行 fun(a)时，因为 static 变量 j 保存着上次执行时的值为 2，所以 a[2]=7，最后数组 a 中各元素的值为{3,5,7,4,5}，所以正确答案为 C)。

(13)**【参考答案】** A

【要点与解析】 本题重点考查函数的定义、调用和传字符串有关知识。

在 C 语言中，若要向函数传递字符串，被调用函数的形参可以使用两种形式：数组形式和指针形式，本例使用了后者。被调用函数 void abc(char * str)的作用是把给定串 str 中的"c"字符全部删除，根据题意若 main 函数提供串"abcdef "，则输出结果为"abdef"，即选项 A)是正确的。

(14)**【参考答案】** C

【要点与解析】 本题重点考查命令行参数的有关知识。

在 C 语言中，每个程序有且必须有一个名字叫 main 的函数。程序的执行是由 main 函数的开始而开始，由它的结束而结束。其他函数都是在开始执行 main 函数以后，通过函数调用而得以执行的。在调用的过程中，调用函数可以向被调用函数传递参数。main 函数由操作系统调用，它也可以带参数，由操作系统传递数据，这些数据需要在操作系统的 DOS 命令行输入，所以叫命令行参数。要接收参数，main 函数的定义格式是：main(int argc, char * argv[ ])，其中第一个参数是 int 型变量，用来记录用户输入参数的个数，第二个是 char 型指针数组，用来指向用户输入的参数串，选项 C)第二个形参是指向字符变量的指针，所以 C)是不合法的。

(15)**【参考答案】** D

【要点与解析】 本题重点考查函数的定义、调用和静态变量的有关知识。

在 C 语言中，使用 static 关键字定义的变量属于 static 型变量，也叫静态变量。既可以在函数内部定义，也可以在函数外部定义。在函数内定义的变量叫局部静态变量，在全局区定义的变量叫全局静态变量。局部静态变量是系统首次执行变量所在的函数时为其分配一次存储空间，之后该变量就一直驻留在内存中，直到整个程序运行结束。若再次调用函数执行，也不再分配空间。该类型变量的作用范围是它们所在的语句块，生命期是整个程序的运行时间。

本题由于连续三次调用函数 fun()，三次对静态变量 x 进行操作，x 的值应依次为 6，7，8。所以选项 D)是正确的。

(16)**【参考答案】** A

【要点与解析】 本题重点考查函数的定义、调用的有关知识。

函数定义是按照规则书写完成函数功能的代码，不允许在一个函数中定义另一个函数，即不允许嵌套定义；函数可以有返回值也可以没有；函数调用就是按照一定的格式去执行被调用函数，格式是：函数名(实参列表)；实参列表是使用逗号隔开的多个表达式，个数上必须与形式参数的个数一致；形参接收实参数据。因此选项 A)是正确的。

(17)【参考答案】D

【要点与解析】本题重点考查全局对象、指针及数组处理问题。

在C语言中，全局对象具有全局的生命期和可见性。本例中定义了全局数组 a，所以 main 函数可以操作它。数组元素下标是从 0 开始的；指针变量 p 指向数组的首元素。for 循环语句中，指针变量 p 始终指向数组 a[0]，因而执行循环赋值语句后数组各元素的值均变为 2。所以选项 D)是正确的。

(18)【参考答案】D

【要点与解析】本题重点考查函数定义、调用和传数组等问题。

在C语言中，若要向函数传递数组，被调用函数的形参可以使用两种形式：数组形式和指针形式，本例使用了后者。函数 int fun(int * s, int t, int * k)实现的作用是求 t 个元素的数组 s 中最大元素的位置，返回最大值，其位置存到 * k 中。main 函数调用格式是"fun(a, 10, &k);"。所以输出结果为：6,980，选项 D)正确。

一定要注意区分 fun 函数和 main 函数中 k 的不同。

(19)【参考答案】D

【要点与解析】本题重点考查函数的定义、调用和静态变量的有关知识。

在C语言中，静态局部变量是在编译时分配空间和赋初值，以后该变量就保留在内存中，一直到程序运行结束。即它只被赋初值一次，以后每次调用函数时不再重新分配空间也不再赋值，而是保留上次函数调用结束时的值。本例 main 函数调用 fun 函数 5 次，执行情况如下所述。

第 1 次调用，s=1，i=1，a=1。

第 2 次调用，s=2，i=2，a=3。

第 3 次调用，s=3，i=3，a=6。

第 4 次调用，s=4，i=4，a=10。

第 5 次调用，s=5，i=5，a=15。

所以选项 D)是正确的。

(20)【参考答案】A

【要点与解析】本题重点考查函数的有关知识。

构成C程序的基本单位是函数，一个C程序总是从 main 函数开始执行，而不论 main 函数在整个程序中的位置如何。C语言的函数定义都是互相平行、独立的，在定义函数时，一个函数内不能定义另一个函数。C函数定义的一般格式有两种：传统格式和现代格式。传统格式也称 K&R 格式，是早期编译系统使用的格式；现代格式又称 ANSI 格式，是现代编译系统使用的格式。所以选项 A)是正确的。

(21)【参考答案】B

【要点与解析】本题重点考查函数定义的有关知识。

在C语言中，函数可以有返回值也可以没有，没有时用 void 声明，有返回值则通过 return 语句实现，return 语句中的表达式的值就是要返回的值。此表达式的值必须与函数头中说明的类型一致，若不一致，则以函数值的类型为准，由系统进行隐式转换。本题返回的是指针 p 的值，所以选项 B)正确。

(22)**【参考答案】** C

【要点与解析】 本题重点考查函数定义和调用的有关知识。

函数定义是按照规则书写完成函数功能的代码；函数调用就是按照一定的格式去执行被调用函数，格式是"函数名(实参列表)；"，实参列表是使用逗号隔开的多个表达式，个数上必须与形式参数的个数一致，因此选项C)是错误的。

(23)**【参考答案】** D

【要点与解析】 本题重点考查全局对象、指针、函数与动态内存分配等问题。

在C语言中，全局对象具有全局的生命期和可见性。本例中定义了全局数组a和指针p，所以main函数和f函数均可以操作它。

题中用动态存储分配函数malloc分配了一个int型数据长度大小的内存，然后指针p指向了这段内存，函数f()中对p所指向的数据进行了赋值，p[1][1]为二维数组第二行第二列的元素，对应于实参a的元素5，所以输出结果为5，选项D)正确。

(24)**【参考答案】** D

【要点与解析】 本题重点考查指针、数组、函数与动态内存分配等问题。

本题调用函数用数组名做实参，被调用函数用指针做形参。函数fun的作用是把p1指向的a[0]和p2指向的b[0]求和存到了s指向的动态存储空间。main函数调用"fun(a,b,s)；"结束时，s指向的仍然是a[0]，所以输出结果是"1.10"。选项D)是正确的。

(25)**【参考答案】** B

【要点与解析】 本题重点考查递归函数和递归调用问题。

在C语言中，若函数定义中，出现了直接或间接调用自己，则该函数就为递归函数，这种直接或间接地调用自己称为递归调用。本例中函数f就是递归函数，实现的功能是求n个1的和。main函数中，对f值进行了两次调用：

f(1)=1

f(2)=f(1)+1=2

最后，j的值为1+2=3，所以选项B)是正确的。

(26)**【参考答案】** A

【要点与解析】 本题重点考查变量存储类型的问题。

在C语言中，变量共有四种存储类型，分别是auto、register、static和extern。可以在定义变量时指定其存储类型。格式是：

存储类型标识符　数据类型标识符　变量名；

auto型变量是在函数内部无static声明的变量，也叫局部变量。用auto作存储类别的声明时，可以不写auto，存储类别隐含确定为auto(自动存储类别)，是动态存储方式。大多数变量是自动变量。用static声明的局部变量是静态局部变量。函数调用结束后静态局部变量占据的内存存储单元空间不释放，局部变量保留原值，下次调用时可以继续使用该值。用extern声明外部变量，外部变量即全局变量，可以用extern声明来改变全局变量的作用域，实际上，关键字auto可以省略，auto不写则隐含确定为"自动存储类别"，它属于动态存储方式。

(27)**【参考答案】** C

【要点与解析】 本题重点考查return语句的相关问题。

在C语言中，函数可以有返回值也可以没有，有返回值则通过 return 语句实现，return语句中表达式的值就是要返回的值。此表达式的值必须与函数头中说明的类型一致，若不一致，则以函数值的类型为准，由系统进行隐式转换。一个 return 语句只能返回一个结果，使用格式有两种："return 表达式;"和"return (表达式);"。所以选项 C)是错误的。

(28)**【参考答案】** A

【要点与解析】 本题重点考查函数定义和调用的相关问题。

函数 fun(int a,int b)的作用是，判断 a 和 b 的大小，若 a>b 返回 1，a<b 返回 -1，a==b返回 0。函数调用相当于 f(2,3)，所以程序运行结果为"-1"。选项 A)是正确的。

(29)**【参考答案】** A

【要点与解析】 本题重点考查函数定义、调用和局部变量的相关问题。

在C语言中，若函数调用是按值传递时，函数中对形参的操作并不能影响到实参。函数 fun(1,2)的返回值为 5，而实参 a 和 b 的值保持不变，仍为 1 和 2，c=3+5+1=9。所以选项 A)是正确的。

(30)**【参考答案】** B

【要点与解析】 本题重点考查函数定义、调用和传二维数组的相关问题。

在C语言中，向函数传二维数组有两种形式：被调用函数分别使用数组和行指针做形式参数，本例使用了前者。main 函数使用双重循环对 a[3][3]初始化，a[i][j]=2j，所以处理后的状态是：

```
0  2  4
0  2  4
0  2  4
```

函数 fun(int a[M][N])的作用是输出 *(a[1]+2)的值，即 a[1][2]的值 4。所以选项 B)是正确的。

(31)**【参考答案】** B

【要点与解析】 本题重点考查递归函数和递归调用相关问题。

在C语言中，若函数定义中，出现了直接或间接调用自己，则该函数就为递归函数，这种直接或间接地调用自己称为递归调用。本例中函数 fib 就是递归函数，实现的功能是求序列：2 2 4 6 10 16…。main 函数中，对 fib 进行调用：f(3)的值为 2+2=4，所以选项 B)是正确的。

(32)**【参考答案】** C

【要点与解析】 本题重点考查指针型函数、指针及字符串处理问题。

函数 *fun(char *str1, char *str2)是指针型函数，其返回值为地址。该函数的功能主要是由之间的 while 循环实现的。while 语句的一般形式为" while(表达式)语句;"，其中表达式是循环条件，语句为循环体。while 语句的语义是：计算表达式的值，当值为真(非 0)时，执行循环体语句。本题中逻辑表达式"(*str1)&&(*str2++= *str1++)"可以解释为若 str1 未到串的结束，把串 1 中当前字符赋给串 2 也不是结束符'\0'，就继续，显然是实现将字符串 str1 复制到字符串 str2 中。

(33)【参考答案】C

【要点与解析】本题重点考查函数定义和调用的相关问题。

C语言中规定，定义函数时形参的类型说明应该放在函数名后的括号内。所以选项A)是错误的；return 语句用来返回结果，格式有两种"return 表达式；"或"return (表达式)；"。因此选项B)是错误的。C语言要求实参与形参的类型应相同，若类型不同则以形参类型为准进行转换，选项D)是错误的，只有C)正确。

(34)【参考答案】B

【要点与解析】本题重点考查函数调用的相关问题。

函数调用的一般形式为：函数名(实参列表)；若函数无形参，调用形式为：函数名()，其中实参可以是有意义的任意类型的表达式，本题的实参是两个逗号表达式。所以正确选项是B)。

(35)【参考答案】C

【要点与解析】本题重点考查函数指针问题。

在C语言中允许定义函数指针指向一个函数代码的存储地址。定义函数指针的形式为：类型标识符（* 指针变量名)(形式参数列表)。函数指针的值等于函数的入口地址，通过这个指针变量能够调用它所指向的函数。所以选项C)是正确的。

(36)【参考答案】A

【要点与解析】本题重点考查递归函数和递归调用相关问题。

在C语言中，若函数定义中，出现了直接或间接调用自己，则该函数就为递归函数，这种直接或间接地调用自己称为递归调用。本例中函数 fun 是递归函数，实现的功能是求序列：2 2 1 3 2 4 3 5 4…。main 函数中，对 fun 进行调用：f(3)的值为 3－2＝1，所以选项A)是正确的。

(37)【参考答案】C

【要点与解析】本题重点考查函数定义、调用与数组处理等相关问题。

函数 fun(int * s,int n1,int n2)的功能是对数组 s 中的元素进行首尾互相调换。所以在主函数中：

执行 fun(a,0,3)后，数组 a 中各元素的值为{4,3,2,1,5,6,7,8,9,0}；

执行 fun(a,4,9)后，数组 a 中各元素的值为{4,3,2,1,0,9,8,7,6,5}；

执行 fun(a,0,9)后，数组 a 中各元素的值为{5,6,7,8,9,0,1,2,3,4}。

所以正确答案为C)。

(38)【参考答案】A

【要点与解析】本题重点考查函数定义、调用与数组处理等相关问题。

函数 fun(char * s[],int n)的功能是对字符串数组的元素按照字符串的长度从小到大排序。在主函数中执行 fun(ss,5)语句后，* ss[]＝{"xy","bcc","bbcc","aabcc","aaaacc"}，ss[0],ss[4]的输出结果为 xy,aaaacc。所以选项A)为正确答案。

(39)【参考答案】C

【要点与解析】本题重点考查递归函数和递归调用相关问题。

在C语言中，若函数定义中出现了直接或间接调用自己，则该函数就为递归函数，这种直接或间接地调用自己称为递归调用。本例中函数 f 是递归函数，实现的功能是求序列：3 3 6 15 …。main 函数中，对 fun 进行调用：f(3)的值为 9－3＝6，所以选项 C)是正确的。

(40)**【参考答案】** A

【要点与解析】 本题重点考查变量存储类型的相关知识。

在 C 语言中，变量共有四种存储类型，分别是 auto、register、static 和 extern。可以在定义变量时指定其存储类型。只有自动变量和寄存器变量在运行到其所在的语句时才占用内存单元。所以选项 A)是正确的。

(41)**【参考答案】** B

【要点与解析】 本题重点考查函数指针的相关知识。

在 C 语言中允许定义函数指针指向函数代码的存储地址。定义函数指针的形式为：类型标识符（＊指针变量名）(形式参数列表)。函数指针的值等于函数的入口地址，通过这个指针变量能够调用它所指向的函数。所以选项 B)是正确的。

(42)**【参考答案】** A

【要点与解析】 本题重点考查函数定义、调用和传字符串的相关知识。

在 C 语言中，若要向函数传递数组，被调用函数的形参可以使用两种形式：数组形式和指针形式，本例使用了后者。void fun(char＊s[], int n)的作用是使用冒泡法对字符串数组的元素按照字符串的长度从小到大排序。在主函数中执行 fun(ss,5)语句后，"＊ss[]＝{"xy","bcc","bbcc","aabcc","aaaacc"}，ss[0]，ss[4]"的输出结果为"xy，aaaacc"。所以选项 A)是正确的。

(43)**【参考答案】** A

【要点与解析】 本题重点考查函数返回值的相关知识。

在 C 语言中，若函数有返回值，应当在定义函数时指定函数值的类型。省略类型说明的函数，默认为整型。在定义函数时对函数值说明的类型一般应该和 return 语句中的表达式类型一致。如果函数值的类型和 return 语句中的表达式类型不一致，则以函数值的类型为准，由系统自动进行转换。因此，本题答案为 A)。

(44)**【参考答案】** B

【要点与解析】 本题重点考查函数、指针和字符串处理相关知识。

在函数 fan(char＊s)中，首先用字符指针变量 t 指向 s，循环语句"while(＊t＋＋)；"的功能是使指针变量 t 指向字符串变量 s 的末尾，退出循环 t 指向了'\0'后，因而(t－s)的值就是 s 所指向的字符串中包括'\0'在内的字符个数，即串 s 占用的字节数。因此，本题答案为 B)。

(45)**【参考答案】** B

【要点与解析】 本题重点考查函数、数组和排序的相关知识。

函数 f(int b[],int n,int flag)的功能是对数组 b[]的前 n 个元素，按照 flag 的值进行从小到大或从大到小排序。在 main 函数中，"f(& a[2],5,0)；"语句就是对数组 a[10]中从 a[2]开始到 a[6]的数字，即 3,2,1,6,7 进行从大到小排序，语句执行完后，这时数组 a[10]中的数字序列变化为{5,4,7,6,3,2,1,8,9,10}；f(a,5,1)语句就是对数字序列{5,

4,7,6,3,2,1,8,9,10}中的5,4,7,6,3进行从小到大的排序,语句执行完后,数组a[10]中的数字序列最终变为{3,4,5,6,7,2,1,8,9,10}。因此,本题答案为B)。

(46)**【参考答案】**B

【要点与解析】本题重点考查函数和数组的相关知识。

在C语言中,向函数传数组的实质是调用和被调用函数共享同一数组空间,被调用函数对数组的修改等同于调用函数的修改。本例中函数f接收了数组b,于是数组a和数组b就成了同一块空间。函数f对数组b的修改也就是对主函数中数组a的修改,由程序可知,f运行后a为{1,2,3,4,10,12,7,8,9,10},所以选项B)正确。

(47)**【参考答案】**B

【要点与解析】本题重点考查函数、指针和数组的相关知识。

void f(int * q)函数的功能是对(* q)的值连续5次自加1。在main()函数中f(a)语句把一维数组a的首地址作为实参,传递给函数f(int * q),a[0]连续5次自加1,a[0]的值就变为6。所以输出为6,2,3,4,5。因此,本题答案为B)。

(48)**【参考答案】**C

【要点与解析】本题重点考查函数、字符串和字符串处理相关知识。

void fun(char p[][10],int n)函数的功能是对字符数组p[ ][10]中的字符串从小到大排序。在main函数中,f(p,5)语句把字符串数组p[5][10]作为实参输给函数f(char p[ ][10],int n),然后函数f(char p[ ][10],int n)按照字符串数组p[5][10]中各个字符串的大小从小到大进行排序,因此经过排序后p[0]就是字符串"aabdfg",其有效长度等于6。因此,本题答案为C)。

(49)**【参考答案】**A

【要点与解析】本题重点考查递归函数、传值和传地址等相关知识。

本例中函数f为递归函数,其功能是如果n是3的倍数,则r的值等于n除以3的商;如果n是5的倍数,则r的值等于n除以5的商,否则函数f(int n,int * r)递归调用f(－－n,&r1)。所以在main()函数f(m,&r)语句中,由于m＝7,这时函数f就执行else f(－－n,&r1)语句,产生递归调用f(6,&r1),函数执行if(6%3＝＝0)r1＝6/3语句,r1＝2,然后执行 * r＝r1语句,所以输出结果为2。因此,本题答案为A)。

(50)**【参考答案】**D

【要点与解析】本题重点考查命令行参数的相关知识。

在C语言中,main函数由操作系统调用,它也可以带参数,由操作系统传递数据,这些数据需要在操作系统的DOS命令行输入,所以叫命令行参数。要接收参数,main函数的定义格式是:main(int argc, char * argv[]),其中第一个参数是int型变量,用来记录用户输入参数的个数,第二个是char型指针数组,用来指向用户输入的参数串。本例中,若输入命令行"tt 12 345 678",则argc＝4,argv[0]指向串"12",argv[1]指向串"345",argv[2]指向串"678";" * argv[i]－'0'"的作用是把 * argv[i]的值转换为对应的十进制数,于是n＝136。选项D)是正确的。

(51)**【参考答案】**B

【要点与解析】本题重点考查全局与静态变量的相关知识。

在C语言中，静态局部变量是在编译时分配空间和赋初值，以后该变量就保留在内存中，一直持续到运行结束。即它只被赋初值一次，以后每次调用函数时不再重新分配空间也不再赋值，而是保留上次函数调用结束时的值。全局变量是在全局区定义的变量，它具有全局的可见性和全程的生命期。本例中，a是全局变量，所以函数f和mian都可以操作它。在函数f中，a有两种：一是局部静态变量"static int a=5;"，二是局部动态变量{int a=6; t+=a++;}和{int a=7; t+=a++;}中的a。main函数调用f两次，如下所述。

第1次调用：t=7，局部a=8，静态a=6，s=4+12=16；

第2次调用：t=6，局部a=7，静态a=7，s=16+12=28；

所以输出结果为28，选项B)正确。

(52)**【参考答案】**D

【要点与解析】本题重点考查函数参数传递的相关知识。

在C语言中，若实参是一般变量形式，则调用函数与被调用函数是传值通信方式，被调用函数的形参也要使用变量形式，而且可以和实参同名；调用发生时，系统为形参分配空间，并把实参的值复制给形参，使它获得了初始值。形参和实参是两块独立的空间。被调用函数对形参的处理不会影响实参的值。所以D)是正确的。

(53)**【参考答案】**D

【要点与解析】本题重点考查指针和函数的相关知识。

在C语言中，函数是具有独立功能的命名程序段，它既可以几个一起存放也可以一一单独存放。函数可以有返回值也可以没有，可以返回任意合法的数据类型包括指针，返回地址的函数叫指针型的函数，选项B)是正确的。若实参是一般变量形式，则调用函数与被调用函数是传值通信方式，被调用函数的形参也要使用变量形式，而且可以和实参同名，调用发生时，系统为形参分配空间，并把实参的值复制给形参，使它获得了初始值。形参和实参是两块独立的空间。被调用函数对形参的处理不会影响实参的值，所以选项A)正确。NULL是C语言的系统常量，它定义在头文件stdio.h中，所以选项D)正确。指针只能存储地址，不可以直接存数据，所以C)是错误的。

(54)**【参考答案】**A

【要点与解析】本题重点考查指针、函数和字符串处理的相关知识。

本例中，函数aaa使用char型的指针s接收字符串，s的值是串首的地址；指针t的初始值也是串首的地址，循环"while(*t++);"的作用是移动指针t，结束循环时，t的值是串结束标志位'\0'的后面一位的地址，执行"t--;"后t的值是串结束标志位'\0'的地址值，于是t-s的值就是串中字符的个数，即串的长度，选项A)是正确的。

(55)**【参考答案】**A

【要点与解析】本题重点考查二级指针、指针数组和字符串处理的相关知识。

在C语言中，一级指针用来指向变量，二级指针用来指向一级指针……，依次类推。定义几级指针就要在指针名前加几个"*"。本例中，函数fun的形式参数是字符型二级指针p，main函数中，a是个一级指针数组，每个元素指向了一个字符串。main函数把指针数组名a的值赋给了p，于是p的值是&a[0]，*p的值就是a[0]，即第一个字符串的首地址；++p 的值是 &a[1]，*p 的值就是 a[1]，即第二个字符串的首地址。所以输出结果是“Afternoon”，选项 A)正确。

(56)**【参考答案】**D

【要点与解析】本题重点考查指针、数组和函数的相关知识。

本例中，fun 函数的功能是对数组 a[ ]的元素从大到小进行排序。所以在主函数执行 fun(c+4 , 6)语句时，将从数组 c 的第 5 个元素开始的 6 个元素进行从大到小排序。排序之后，数组 c 的内容变为{1,2,3,4,9,8,7,6,5,0}。因此，本题答案为 D)。

(57)**【参考答案】**C

【要点与解析】本题重点考查数组、函数和字符串处理的相关知识。

本例中，fun 函数的功能是把传递的字符串中的数字转换成一个十进制数保存到变量 n 中，并返回变量 n 的值，遇到非数字字符即结束。所以在主函数中调用 fun(s)时，将把字符数组 s 中的数字字符组成一个数“61”输出。因此，本题答案为 C)。

(58)**【参考答案】**D

【要点与解析】本题重点考查指针、函数和字符串处理的相关知识。

本例中，函数 fun 用两个字符型指针接收两个字符串，第 1 个 while 循环语句使指针 t 指向字符串的末尾，第 2 个 while 循环语句实现把字符串 s 连接到串 t 的后面生成新串。因此输出结果是“accbbxxyy，bbxxyy”，选项 D)正确。

(59)**【参考答案】**D

【要点与解析】本题重点考查函数和字符串处理的相关知识。

本例中，函数 fun 有两个形式参数，char s[][10]和 int n，前者接收字符串数组和字符串个数，函数实现的功能是：使用冒泡排序法，对 n 个串中的首字符进行从小到大排序。所以函数运行后，ss[5][10]的值变为{，"abcc"，"by"，"baaacc"，"xabcc"}，ss[0]为“acc”，ss[4]为“xabcc”，于是输出结果是“acc，xabcc”，选项 D)正确。

(60)**【参考答案】**D

【要点与解析】本题重点考查函数和全局变量的相关知识。

在 C 语言中，在函数外定义的变量叫全局变量，全局变量的可见性是从其定义位置到文件的结束为止。若在定义中使用了 extern 说明，格式是：

extern 数据类型 变量名；

则该变量就变成了全局外部变量，对于说明的程序文件也可见。因此选项 D)正确。

(61)**【参考答案】**A

【要点与解析】本题重点考查函数、静态局部变量和全局变量的相关知识。

在 C 语言中，全局变量属于所在的这个程序，静态变量在编译时分配空间且只初始化一次，在这个程序运行期间均存在。本例中定义了全局变量 a，其值等于 1；在主函数的循环语句中定义了局部变量 a，其初值等于 3；在函数 int fun(int c)中定义了局部静态变量 a，其初始值等于 2。在主函数中，k 的初值为 0，首先调用函数 f(3)，返回值为 6，k 的值变为 6，而在函数 int fun(int c)中的局部静态变量 a，其值等于 3。for 循环第二次调用函数 f(3)时，返回值为 7，所以 k=6+7=13。退出循环语句，k 再加上全局变量 a 的值 1，其最终的值为 14。因此，本题答案为 A)。

(62)【参考答案】A

【要点与解析】本题重点考查递归函数和递归调用的相关知识。

在C语言中，若函数定义中出现了直接或间接调用自己的情况，则该函数就为递归函数，这种直接或间接地调用自己称为递归调用。本例中函数 fun 是递归函数，主函数调用 fun(3,&s)，具体情况如下所述。

第 3 次调用：n=2，f1=1；

第 2 次调用：n=1，f2=1；

第 1 次调用：n=3，s=f1+f2=1+1=2。

所以输出结果是 2，选项 A)正确。

2. 填空题

(1)【参考答案】【1】-1　【2】*sn

【要点与解析】本题重点考查函数传值和传址问题。

在C语言中，参数传递包括传值和传地址两种方式，前者要求被调用函数用变量形式做形参，后者要求被调用函数用指针形式做形参，两者的差别是传值无副作用，传地址有副作用。本例中，函数 fun(float *sn, int n)既有传值(n)，又有传地址(*sn)，其中 n 接收运算的项数，运算结果通过指针 sn 间接写给调用函数的存储空间。

(2)【参考答案】【3】4

【要点与解析】本题重点考查函数和静态变量问题。

静态局部变量在程序的整个执行时间内都存在，但作用域却只局限于定义它的函数或局部范围。当 i=0 时执行第一次 for 循环，k=f(2)，a=c++，b++；因为赋值运算符的优先级高于逗号运算符，所以 a=3，c=4；当 i=1 时执行第二次 for 循环，k=f(3)，a=c++，b++；因为 c 为静态局部变量所以保留着这一次执行的结果值 4，所以 a=4，c=5，所以函数 f()返回 a 的值为 4。

(3)【参考答案】【4】!=　【5】return j

【要点与解析】本题重点考查函数定义、调用和传递数组问题。

本题程序的执行过程是：让 i，j 都从 1 开始，j 用于控制删除后剩下的数中的下标，i 用于搜索原数组中的元素。j 始终是新数组已有元素中最后一个元素的下一个元素的下标，所以 if()中的条件是 a[j-1]!=a[i]，其中 a[j-1]就是新数组中的最后一个元素，若条件成立则表示出现了不同的值，所以 a[i]要留下到新数组中。本题中 i，j 的初值都要从 1 开始，该算法只能用于数组已排序的情形中。

(4)【参考答案】【6】31

【要点与解析】本题重点考查函数的传值调用问题。

在C语言中，参数传递包括传值和传地址两种方式，前者要求被调用函数用变量形式做形式参数，传值方式无副作用，即被调用函数对形式参数的处理不会影响实参的值。本例中，函数 fun(int x, int y, int z)是传值方式，所以它对形式参数 x，y，z 的处理不会影响实参 a。所以主函数输出的结果仍然是 31。

(5)**【参考答案】**【7】246

【要点与解析】本题重点考查函数调用与静态变量的问题。

在C语言中，用关键字 static 声明的局部变量为“静态局部变量”，其值在函数调用结束后不消失，即其占用的存储单元不释放；在下一次该函数调用时，该变量已有值，就是上一次函数调用结束时的值。主函数调用 fun 三次，执行情况如下所述。

第 1 次调用，a＝2，输出结果：2；

第 2 次调用，a＝4，输出结果：4；

第 3 次调用，a＝6，输出结果：6。

所以输出结果为：246。

(6)**【参考答案】**【8】＊s－＊t

【要点与解析】本题重点考查函数定义、调用与字符串处理问题。

两字符串大小比较必须从它们的首字符开始，在对应字符相等情况下循环，直至不相等结束。相等时，若字符串已到了字符串的结束标记符，则两字符串相同，函数返回 0 值；如还有后继字符，则准备比较下一对字符。对应字符不相同，循环结束。循环结束时，就以两个当前字符的差返回。所以在空框处应填入＊s－＊t，保证在 s ＞ t 时返回正值，当 s ＜ t时返回负值。

(7)**【参考答案】**【9】abcdefglkjih

【要点与解析】本题重点考查函数定义、调用与字符串处理问题。

本例中函数 sub(char＊a, int t1,int t2)的作用是对串 a 中从下标 t1 到 t2 之间的字符首尾对调。在 main 函数中，“for(i＝0; i ＜ SIZE; i＋＋) s[i]＝'A'＋i＋32;”语句的作用是为数组 s 存储了 abcdefghijkl 之后调用函数 sub(s, 7,11)，即把 s 中下标 7 到 11 之间的字符对调，于是结果为“abcdefglkjih”。

(8)**【参考答案】**【10】strlen(str)－1

【要点与解析】本题重点考查函数定义、调用与字符串处理问题。

程序中的 for 循环用来完成串倒置，所以应该对循环的条件进行初始化，应该填入 strlen(str)－1。注意，在串反序的时候，不应该包含结束符‘\0’。

(9)**【参考答案】**【11】8

【要点与解析】本题重点考查递归函数和递归调用相关问题。

在C语言中，若函数定义中出现了直接或间接调用自己的情况，则该函数就为递归函数，这种直接或间接地调用自己称为递归调用。本例中函数 fun 是递归函数。main 函数调用 fun(6,&x)，fun 函数的执行情况如下所述。

第 7 次调用：a＝1，b＝1，＊p＝2；

第 6 次调用：a＝2，b＝1，＊p＝3；

第 5 次调用：a＝1，b＝1，＊p＝2；

第 4 次调用：a＝3，b＝2，＊p＝5；

第 3 次调用：a＝1，b＝1，＊p＝2；

第 2 次调用：a＝2，b＝1，＊p＝3；

第 1 次调用：a＝5，b＝3，＊p＝8。

所以输出的结果是 8。

(10)**【参考答案】**【12】a[0][i]　【13】b[i][0]

【要点与解析】本题重点考查函数和二维数组的相关问题。

按照函数 rotate 的功能，b[i][N－1]＝a[0][i]实现把 a 所指二维数组中的第 0 行放到 b 所指二维数组的最后一列中，b[i][0]＝a[N－1][i] 实现将 a 所指 N 行 N 列的二维数组中的最后一行放到 b 所指二维数组的第 0 列中。

(11)**【参考答案】**【14】5

【要点与解析】本题重点考查函数和传值的相关问题。

在 C 语言中，传值参数传递方式要求被调用函数用变量形式做形式参数，调用函数用任何表达式做实参，使被调用函数获得初始值。传值方式无副作用，即被调用函数对形式参数的处理不会影响实参的值。本例中，函数 fun(int a, int b)是传值方式。主函用 a＋b, a－b 做实参，返回(a＋b)/(a－b)的值 5。

(12)**【参考答案】**【15】7

【要点与解析】本题重点考查递归函数和递归调用相关问题。

在 C 语言中，若函数定义中出现了直接或间接调用自己的情况，则该函数就为递归函数，这种直接或间接地调用自己称为递归调用。本例中函数 fun 是递归函数。main 函数调用 fun(9)，fun 函数的执行情况如下所述。

第 5 次调用：x＝1, p＝3；

第 4 次调用：x＝3, p＝0；

第 3 次调用：x＝5, p＝5；

第 2 次调用：x＝7, p＝2；

第 1 次调用：x＝9, p＝7。

所以输出的结果是 7。

(13)**【参考答案】**【16】w[i－1]

【要点与解析】本题重点考查函数定义、调用和字符串处理相关问题。

实现在有序的数组中插入内容，必须先寻找插入位置。插入位置找到后，将插入位置之后的元素向后移动一个位置，留出插入点。最后，将元素插入，并使序列的元素个数增 1。函数为了简化寻找插入位置循环的循环条件，预先在序列的最后置入插入值。插入位置之后的元素向后移动一个位置必须从最后一个元素开始往前逆序移动，是将前一个元素向后移，所以在空框处应填入 w[i－1]。

(14)**【参考答案】**【17】*(str＋i) 或 str[i]

【要点与解析】本题重点考查函数定义、调用和字符串处理相关问题。

str 是指针变量，它指向字符串，在循环过程中，可以用 *(str＋i)或 str[i]来访问字符串中的第 i 个元素，判断是否是结束标志，如果不是，i＝i＋1，继续取下一个元素进行判断，直到当前的字符为\0 为止。

(15)**【参考答案】**【18】9

【要点与解析】本题重点考查递归函数和递归调用相关问题。

在 C 语言中，若函数定义中出现了直接或间接调用自己的情况，则该函数就为递归函数，这种直接或间接地调用自己称为递归调用。本例中函数 fun 是递归函数。main 函数调用 fun(4),fun 函数的执行情况如下所述。

第 3 次调用:n=2, s=2;

第 2 次调用:n=3, s=5;

第 1 次调用:x=4, p=9。

所以输出的结果是 9。

(16)**【参考答案】**【19】k=5

【要点与解析】本题重点考查递归函数和递归调用相关问题。

在 C 语言中,若函数定义中,出现了直接或间接调用自己,则该函数就为递归函数,这种直接或间接地调用自己称为递归调用。本例中函数 fib 是递归函数。main 函数调用 fib(5),fun 函数的执行情况如下所述。

第 4 次调用,g=2, 返回值:1+0=1;

第 3 次调用,g=3, 返回值:1+1=2;

第 2 次调用,g=4, 返回值:2+1=3;

第 1 次调用,g=5, 返回值:3+2=5。

所以输出的结果是 k=5。

(17)**【参考答案】**【20】#include "a:\myfile. txt"

【要点与解析】本题重点考查函数的作用范围相关问题。

如果没有特别说明,函数的作用范围是从定义函数的位置到文件的结尾,如果其他文件想使用这个函数,需要用#include 文件包含命令将定义函数的文件包含进来。

(18)**【参考答案】**【21】n-1 【22】j

【要点与解析】本题重点考查函数与数组的相关问题。

此题采用了 do-while 循环内嵌 for 循环的双层循环结构来实现数组元素的排序。数组元素通过首地址和数组下标的方式来引用。

(19)**【参考答案】**【23】for(i=0;i<t;i++) 【24】0

【要点与解析】本题重点考查函数、指针与数组的相关问题。

本例中函数 int fun(int * s, int t, int * k)含三个参数,指针 s 接收数组,指针 k 间接存储最大元素在数组中的下标,变量 t 存储数组中元素个数。功能是采用顺序查找最大元素,所以应该使用循环逐个遍历数组元素。因此应该填入 for(i=0;i<t;i++),最后 return 0 用来结束函数。

(20)**【参考答案】**【25】1021

【要点与解析】本题重点考查函数、传值和静态变量的相关问题。

静态局部变量的生存期为整个程序的运行期间,作用域为定义它的函数或局部范围内。主函数调用两次 func 函数,执行情况如下所述。

第 1 次调用,a=4,b=3,i=3,m=10, 返回值:10;

第 2 次调用,a=4,b=3,i=14,m=21,返回值:21。

所以输出结果是:1021。

(21)**【参考答案】**【26】0,2,4,0,4,8,

【要点与解析】本题重点考查函数和静态变量的相关问题。

静态局部变量的生存期为整个程序的运行期间，作用域为定义它的函数或局部范围内。fun 中定义了静态数组 a。主函数调用 fun 函数两次。

第 1 次调用，a[0]=0，a[1]=2，a[2]=4，输出“0,2,4,”；

第 2 次调用，a[0]=0，a[1]=4，a[2]=8，输出“0,4,8,”。

所以输出结果是“0,2,4,0,4,8,”。

(22)**【参考答案】**【27】i<n 【28】a[i]

【要点与解析】本题重点考查函数、指针和数组的相关问题。

本例中函数 void fun(int a[ ],int n, int * max, int * d)含四个参数，数组 a 接收数组，指针 max 间接存储最大元素，指针 d 间接存储最大元素的下标，变量 n 存储数组中元素个数。函数实现的功能是采用顺序查找最大元素，所以应该使用循环逐个遍历数组元素。因此应该填入 i<n 控制循环，填入 a[i]进行比较。

(23)**【参考答案】**【29】6

【要点与解析】本题重点考查函数、传值和静态变量的相关问题。

静态局部变量的生存期为整个程序的运行期间，作用域为定义它的函数或局部范围内。fun 中定义了静态变量 a。主函数调用 fun 函数两次。

第 1 次调用：x=2，a=5，返回 5；

第 2 次调用：x=1，a=6，返回 6。

所以输出结果是：6。

(24)**【参考答案】**【30】3 5

【要点与解析】本题重点考查函数、传地址的相关问题。

函数 swap(int * a,int * b)的功能是实现 a 和 b 中数据的交换，即指针 a 和 b 的指向互换。主函数中调用 swap(p,q)时指针变量 a 和 b 分别指向 i 和 j，执行完后，指针变量 a 和 b 分别指向 j 和 i，而指针变量 p,q 的指向没有发生变化，所以输出结果为 3 5。

(25)**【参考答案】**【31】1 3

【要点与解析】本题重点考查递归函数和递归调用相关问题。

在 C 语言中，若函数定义中出现了直接或间接调用自己的情况，则该函数就为递归函数，这种直接或间接地调用自己称为递归调用。本例中函数 fun 是递归函数。main 函数调用 fun(3)，fun 函数的执行情况如下所述。

第 2 次调用，x=1，输出：1；

第 1 次调用，x=3，输出：3。

所以输出结果是：1 3。

(26)**【参考答案】**【32】10

【要点与解析】本题重点考查递归函数和递归调用相关问题。

在 C 语言中，若函数定义中出现了直接或间接调用自己的情况，则该函数就为递归函数，这种直接或间接地调用自己称为递归调用。本例中函数 fun 是递归函数。main 函数调用 fun(a,3)，fun 函数的执行情况如下所述。

第 4 次调用，n=0，返回：4(即 x[3])；

第 3 次调用，n=1，返回：3+4(即 x[2]+x[3])；

第 2 次调用，n＝2，返回：2＋3＋4(即 x[1]＋x[2]＋x[3])；

第 1 次调用，n＝3，返回：1＋2＋3＋4(即 x[0]＋x[1]＋x[2]＋x[3])。

所以输出结果是：10。

(27)**【参考答案】**【33】efgh

【要点与解析】本题重点考查指针、字符串与指针型函数的相关问题。

本例中，函数 char * fun(char * t)是指针型的函数，返回的是 t 字符串中间字符的地址。在主函数中调用函数 fun(str)后，字符串指针 str 就指向字符串“abcdefgh”的第五个字符 e 的位置，再用字符串函数 puts(str)输出，结果为 efgh。

(28)**【参考答案】**【34】x[0]　**【35】**x[0]

【要点与解析】本题重点考查函数与一维数组的处理问题。

在 f()函数中，用变量 i 存放数组 x[]中最大元素的值，p0 存放最大的元素的下标，变量 j 存放数组 x[]中的最小的元素的值，p1 存放最小元素的下标。通过 for 循环逐个比较数组 x 中的元素，循环结束后，p0 和 p1 分别表示最大值和最小值在数组中的下标位置然后按照题意将最大值 x[p0]和数组的最后一个元素 x[n－1]交换位置，再将最小值 x[p1]和第一个元素，即 x[0]进行交换，所以空白处应该填入 x[0]。

第 20 章　结构、联合与枚举习题答案与解析

1. 选择题

(1)**【参考答案】**A

【要点与解析】本题重点考查联合的相关知识。

C 语言规定,联合是类似结构的数据类型,与结构不同的是它的所有成员均占用同一块内存空间,一个联合变量所占用空间大小为联合中最大的成员占用空间。本题中,首先定义了一个共用体 pw,其中有两个域:整型变量 i 和字符数组 ch。因为共用体中的域是共享内存空间的,数组的元素由低到高存储:ch[0]在低字节,ch[1]在高字节。整型变量 i 占两个字节,高位与 ch[1]共用存储空间,低位与 ch[0]共用存储空间。而高位 ch[1]的值为 0,所以输出的成员变量 i 的值就是 ch[0]的值 13。

(2)**【参考答案】**B

【要点与解析】本题重点考查结构与类型定义的相关知识。

在 C 语言中,允许使用 typedef 关键字把一种类型定义为另一种,语法是:

typedef　类型标识符 用户符号;

本例中是在描述结构的同时把它定义成为 PER 类型。所以选项 B)是正确的。

(3)**【参考答案】**C

【要点与解析】本题重点考查结构定义的相关知识。

在 C 语言中,定义结构的一般形式为:

```
struct 结构名
{
   成员列表;
};
```

C 语言还规定:允许结构名省略;允许在定义结构语句中使用 typedef 把它定义为其他类型;允许在定义结构语句中定义结构变量。本题中,stutype 是在声明类型的同时定义的 struct stu 类型的变量。

(4)**【参考答案】**D

【要点与解析】本题重点考查联合的相关知识。

本题中,首先定义了一个共用体 dt,其中有三个成员 a,b,c。data 是结构体变量。C 语言规定,联合是类似结构的数据类型,与结构不同的是它的所有成员均占用同一块内存

空间，一个联合变量所占用空间大小为联合中最大的成员占用空间，选项 B)正确。联合各成员的起始地址是相同的，所以选项 A)正确。联合成员数据存储使用覆盖技术，当执行 data.a=5 时，内存空间保留的是 5，所以执行"printf("%f\n", data.c);"输出结果为 5.000000，选项 C)正确。

(5)【参考答案】B

【要点与解析】本题重点考查结构的相关知识。

在 C 语言中，结构是用户自己定义的数据类型，是把不同或相同类型的对象组织在一起的一种方法。定义结构的一般形式为：

```
struct 结构名
{
  成员列表;
};
```

一个结构变量所占用的空间为所有成员占用内存之和，也就是系统为所有的成员都分配内存空间。所以只有选项 B)是正确的。

(6)【参考答案】D

【要点与解析】本题重点考查结构的相关知识。

一个结构变量所占用的空间为所有成员占用内存之和。本例中，在声明无名结构的同时定义了变量 a，它有三个成员 i，c，a，所以 sizeof(a)的值是 4+1+8=13。

(7)【参考答案】D

【要点与解析】本题重点考查结构的定义、初始化和成员访问的相关知识。

这是一个给结构体数组赋初值的问题。结构体数组的各个元素在内存中的存放次序是：class[0].name，class[0].age，class[1].name，class[1].age…，初始值将按数组的各个元素在内存中的存放次序逐个地赋给各元素。包含字母 M 的字符串"Mary"赋值给了 class[2].name，则与字符 M 相对应的表达式是 class[2].name[0]。

(8)【参考答案】D

【要点与解析】本题重点考查结构的相关知识。

一个结构变量所占用的空间为所有成员占用内存之和。本例中，在声明结构类型 struct date 的同时定义了变量 today，它有三个成员 year，month，day，所以 sizeof(today)的值是 4+4+4=12。

(9)【参考答案】D

【要点与解析】本题重点考查结构和联合嵌套的相关知识。

在 C 语言中，允许结构与联合互相嵌套，即一个结构的成员可以是联合类型，一个联合的成员也可以是结构类型。本例中，是联合 union myun 中包含了一个结构成员 u，它本身有三个整数成员 x，y，z，它们与另一个联合成员 k 共享空间。所以执行"a.u.x=4; a.u.y=5; a.u.z=6; a.k=0;"后，a.u.x 被 k 覆盖，值变为 0。

(10)【参考答案】D

【要点与解析】本题重点考查结构定义的相关知识。

本题定义了类型名为 struct ex 的结构，它有三个成员，同时定义了该类型的变量

example。于是 ex 是结构名，struct ex 是结构体类型名，example 是结构体变量名。所以选项 B)不正确。

(11)【参考答案】A

【要点与解析】本题重点考查结构和联合嵌套的相关知识。

在 C 语言中，允许结构与联合互相嵌套，即一个结构的成员可以是联合类型，一个联合的成员也可以是结构类型。本例中，是结构 struct byte 中包含了一个联合 union un 类型的成员 c，它本身有三个整数成员 i，k，c，占用的空间是 4 个字节。所以 sizeof(r)的值是"4+4+4=12"。选项 A)正确。

(12)【参考答案】C

【要点与解析】本题重点考查结构成员引用的相关知识。

结构中的成员是存储数据的对象，数据的处理要通过对成员的访问来进行。可以使用两种方法访问结构成员。第一种通过结构变量，格式是：结构变量名.成员名；第二种是通过结构指针，格式是：结构指针名－>成员名或(＊结构指针名).成员名。本例中，p 是 struct sk 类型的结构指针，它只能指向同类型的量，所以只有 C)是正确的。

(13)【参考答案】B

【要点与解析】本题重点考查结构和联合嵌套的相关知识。

在 C 语言中，允许结构与联合互相嵌套，及一个结构的成员可以是联合类型，一个联合的成员也可以是结果类型。本例中，是结构 struct st 中包含了一个联合 union un 类型的成员 b，它本身有两个成员，占用的空间是 8 个字节。所以 sizeof(r)的值是：10+8=18。选项 B)正确。

(14)【参考答案】B

【要点与解析】本题重点考查递归结构和结点链接的相关知识。

所谓的递归结构就是在结构的定义中，其中的一个成员又是该结构类型。本例中 struct node 就是递归结构，它的成员＊next 是 struct node 类型。在声明结构中，定义了两个结构变量 a，b 和两个结构指针 p，q。递归结构的变量也叫结点。指针 p 指向了结点 a，指针 q 指向了结点 b，只要把某个结点的地址赋给另一个结点的指针域，就可以把该结点链接到那个结点后面，如把结点 b 连接到结点 a 之后："a.next=q(或&b)；"，"p－>next=q(或&b)；"，"(＊p).next=q(或&b)；"，所以选项 B)是错误的。

(15)【参考答案】B

【要点与解析】本题重点考查联合的相关知识。

本题中，首先定义了一个共用体 union u，其中有三个成员＊name、age、income。s 是联合体变量。C 语言规定，联合是类似结构的数据类型，与结构不同的是它的所有成员均占用同一块内存空间，各成员的起始地址是相同的，一个联合变量所占用空间大小为联合中最大的成员占用空间。联合成员数据存储使用覆盖技术，当执行"s.name="WANGLIONG"；s.age=28；s.income=1000；"时，内存空间保留的是 1000，所以执行"printf("%d\n", s.age)；"输出结果为 1000，选项 B)正确。

(16)【参考答案】A

【要点与解析】本题重点考查结构类型声明和变量定义的相关知识。

在C语言中,定义结构的一般形式为:

```
struct 结构名
{
  成员列表;
}[变量名列表];
```

需要说明的是:①允许结构名省略;②允许在定义结构语句中使用 typedef 把它定义为其他类型;③允许在定义结构语句中定义结构变量。④声明中若省略了结构名则只能在说明结构的同时定义变量,其他情况下都可以在需要的地方重新定义变量,定义格式是:结构类型名 变量名列表;

选项 A)属于②,所以正确;选项 B)typedef 的语法错误;选项 C)也是 typedef 的语法错误;选项 D)属于①,REC 为变量名,而不是类型名,所以错误。

(17)**【参考答案】**A

【要点与解析】本题重点考查结构类型、函数的相关知识。

结构是用户自定义的数据类型,和标准数据类型一样包含了向函数传值和传址两种方式,且处理方法也一样。本例中 fun 函数是传值方式,所以 fun 函数对形式参数 a 所做的任何操作都不会影响实参 c 的值,于是函数调用后执行语句:

```
printf("%s,%c,%2.0f,%2.0f\n",c.name,c.sex,c.score[0],c.score[1]);
```

输出结果是“Qian,f,95,92,”,所以选项 A)正确。

(18)**【参考答案】**D

【要点与解析】本题重点考查递归结构类型、单链表的相关知识。

所谓的递归结构就是在结构的定义中,其中的一个成员又是该结构类型。本例中 struct link 就是递归结构,它的成员 * next 是 struct link 类型。递归结构类型的变量叫结点。struct link 类型的结点含有两个成员 data 和 next,前者叫数据域,后者叫指针域。指针域可以存储另一个同类型结点的地址,我们把通过指针链接而成的结构叫单链表。本例中,p 指向了结点 a,a 链接了 b,q 指向了结点 c,所以有以下的关系成立:p=&a,p->next=&b,a.next=&b,q=&c。若要把 c 插入 a 和 b 之间,只要让 a 链 c,c 链 b 就可以了,于是选项 D)是正确的。

(19)**【参考答案】**C

【要点与解析】本题重点考查递归结构类型、单链表和递归函数的相关知识。

所谓的递归结构就是在结构的定义中,其中的一个成员又是该结构类型。本例中 struct node 就是递归结构,它的成员 * next 是 struct node 类型。递归结构类型的变量叫结点。struct link 类型的结点含有两个成员 data 和 next,前者叫数据域,后者叫指针域,指针域可以存储另一个同类型结点的地址,我们把通过指针链接而成的结构叫单链表。本例中,connect(struct node * t1, struct node * t2)函数是一递归函数,实现的功能是把指针 t2 所指向的线性链表链接到 t1 所指向的链表的末端,根据代码不难看出,应该填入的内容是取 t1 的下一个点的地址,即 t1->next,所以选项 C)正确。

(20)**【参考答案】**D

【要点与解析】本题重点考查结构指针、结构数组和成员引用的相关知识。

可以用以下三种形式来引用结构体变量中的成员：结构体变量名.成员名、指针变量名－＞成员名和（＊指针变量名）.成员名。选项D)中"&st.m"取的是结构体中成员的地址而不是结构变量的地址。

(21)**【参考答案】**D

【要点与解析】本题重点考查结构类型、函数的相关知识。

结构是用户自定义的数据类型，和标准数据类型一样包含了向函数传值和传址两种方式，且处理方法也一样。本例中f函数是传值方式，所以f函数对形式参数c所做的任何操作都不会影响实参a的值，于是函数调用后执行语句"printf("%d,%d\n",a.b,a.p);"后，输出结果为1,2,选定D)正确。

(22)**【参考答案】**A

【要点与解析】本题重点考查结构数组、结构指针和函数相关知识。

void f(struct S＊P)函数的功能使用冒泡排序实现对结构数组中的一维整型数组从小到大排序。所以输出结果为"1,2,3,4,5,6,7,8,9,10,"。因此，本题答案为A)。

(23)**【参考答案】**A

【要点与解析】本题重点考查结构数组、结构指针和函数的相关知识。

函数void f(int＊a,int n)的功能是对数组a的每一个元素加上其下标的值。所以在main函数中执行"f(s.a,s.n);",s.a是{2,3,1,6,8,7,5,4,10,9},s.n是10;执行"for(i＝0;i＜n－1;i＋＋)a[i]＋＝i;"语句，使s.a变为{2,4,3,9,12,12,11,11,18,9}。因此，本题答案为A)。

(24)**【参考答案】**C

【要点与解析】本题重点考查递归结构、结构指针和类型定义的相关知识。

所谓的递归结构就是在结构的定义中，其中的一个成员又是该结构类型。本例中struct node就是递归结构，它的成员＊next是struct node类型。递归结构类型的变量叫结点。struct node类型的结点含有两个成员data和next,前者叫数据域，后者叫指针域，指针域可以存储另一个同类型结点的地址。

C语言允许用typedef说明一种新的类型名，其一般形式是：

typedef 类型名 标示符；

本例中，struct node被定义为指针类型NODE。语句"NODE p;"作用是定义p为struct node结构类型的指针。因此，本题答案为C)。

(25)**【参考答案】**A

【要点与解析】本题重点考查类型定义的相关知识。

C语言允许用typedef说明一种新的类型名，其一般形式为：

typedef 类型名 标识符；

在此"类型名"必须是在此语句之前已有定义的类型标识符。"标识符"是一个用户定义标识符，用作新的类型名。typedef语句的作用仅仅是用"标识符"来代表已存在的"类型名"，并未产生新的数据类型，原来的类型名依然有效，通常可以增加程序的可读性。因此，本题答案为A)。

(26)**【参考答案】**D

【要点与解析】本题重点考查结构指针、结构数组和成员引用的相关知识。

程序定义了递归结构体类型 struct tt,其成员包括一个整形 x 和指向其自身结构的指针变量 y。程序定义了全局结构体数组 a 的同时对其进行了初始化。其元素 a[0]的成员 y 被赋值为元素 a[1]的地址,a[1]. y 被赋值于 a[2]的地址,a[2]. y 被赋予 a[3]的地址,a[3]. y 被赋予 a[0]的地址,这就形成了一个单向的循环链表,每个元素的指针成员都指向下一个元素的地址。在主函数中,通过一个 for 循环语句,输出该链表前 2 个结点 x 成员的值,即 a[0]. x 和 a[1]. x。因此,本题答案为 D)。

(27)**【参考答案】**D

【要点与解析】本题重点考查结构、类型定义、函数与成员引用的相关知识。

在 C 语言中,和传递一般变量一样可以把一个结构变量传递给函数,即传值方式。f()函数就采用了该方式,功能是对形参 a 的各个成员用结构体变量 b 的各个成员进行赋值,然后返回结构变量 a。在主函数中调用 f(c)函数时,将 STU 类型的结构体变量 c 的值传递给形参 a,再将返回变量 a 的值传给 d,最后输出结构变量 d 的各个成员的值。因此,本题答案为 C)。

(28)**【参考答案】**D

【要点与解析】本题重点考查联合的相关知识。

在 C 语言中,联合是类似结构的数据类型,与结构不同的是它的所有成员均占用同一块内存空间,各成员的起始地址是相同的,一个联合变量所占用空间大小为联合中最大的成员占用空间,所以选项 A)、B)、C)正确。由于整数和小数的存储原理不同,所以执行 demo. d1=99 后,成员 d2 的值不是 99.0,选项 D)是错误的。

2. 填空题

(1)**【参考答案】**【1】->

【要点与解析】本题重点考查结构和成员引用的相关知识。

在 C 语言中,可以用以下三种形式来引用结构体变量中的成员:结构体变量名. 成员名、指针变量名->成员名和(*指针变量名). 成员名。所以应该填入"->"。

(2)**【参考答案】**【2】30x

【要点与解析】本题重点考查结构类型、函数的相关知识。

结构是用户自定义的数据类型,和标准数据类型一样包含了向函数传值和传址两种方式,且处理方法也一样。本例中 fun 函数是传值方式,所以 fun 函数对形式参数 b 所做的任何操作都不会影响实参 a 的值,于是函数调用后执行语句"printf("%d%c", a. data, a. c);"。输出结果是"30x"。

(3)**【参考答案】**【3】struct node *

【要点与解析】本题重点考查递归结构类型的相关知识。

所谓的递归结构就是在结构的定义中,其中的一个成员是该结构类型。本例中要求成员变量 link 是指向自身结构体的指针,所以它本身应该是 struct node 类型,因为是指针,所以完整的为:struct node * 。

(4)**【参考答案】**【4】person[i]. sex

【要点与解析】本题重点考查结构数组、成员访问和函数的相关知识。

和一般数组一样，可以定义结构类型的数组，也可以采用传递一般数组完全一样的方法向函数传递结构数组。本例中，函数 fun(SS person[])接收结构数组 person[]，功能是统计其中性别为“M”的人数后返回。根据代码很容易看出应该填入 person[i]. sex。

(5)**【参考答案】**【5】p=(struct aa *)malloc(sizeof(struct aa));

【要点与解析】本题重点考查结构指针、动态内存分配的相关知识。

ANSI C 标准规定 malloc 函数的返回值类型为 void *，函数的调用形式为：malloc(size)，要求 size 的类型为 unsigned int。由于返回类型为 void *，所以在调用函数时，必须利用强制转换将其转换为所需要的类型。

(6)**【参考答案】**【6】p->data 【7】q

【要点与解析】本题重点考查结构、单链表和函数的相关知识。

本例是一个使用尾插法建立一个带有头结点的单向链表的算法。函数 creatlist 是一个指针型的函数，作用是使用尾插法建立一个带有头结点的单向链表，链表结点中的数据通过键盘输入，当输入-1时，表示输入结束，表头结点的 data 域不放数据。不难判断第一处是把 a 的值赋给当前结点的值域，因此应该填入：p->data，第二处是让 q 指向当前结点 p，所以应该填入 q。

(7)**【参考答案】**【8】struct DATE d={2006,10,1};

【要点与解析】本题重点考查结构声明、变量定义和初始化相关知识。

在 C 语言中，允许在定义结构变量的同时赋初始值，格式是：

结构数据类型 变量名={成员数据列表}

注意：成员数据列表是用逗号隔开的多个值，在个数、顺序、类型上必须与声明中结构成员情形保持一一对应。

(8)**【参考答案】**【9】p->next

【要点与解析】本题重点考查递归结构和单链表的相关知识。

本例中，for 循环语句利用结构指针 p 依次指向单链表中的每个结点，然后进行 p->data与 m 的值比较，如果 p->data 的值小于 m 的值，就把 p->data 的值赋给 m。当退出循环时，m 的值就是单链表中最小的数据。

第21章 文件习题答案与解析

1. 选择题

(1)【参考答案】B

【要点与解析】本题重点考查文件指针定位函数 fseek 的使用方法问题。

fseek 函数的调用形式为：

fseek(文件指针,位移量,起始点);

"起始点"用 0,1 或 2 代替,0 代表"文件开始",1 为"当前位置",2 为"文件末尾"。"位移量"指以"起始点"为基点,向前移动的字节数。

(2)【参考答案】C

【要点与解析】本题重点考查二进制文件读入函数 fread 的使用方法问题。

fread 函数的原型是：

int fread(type * buf, unsigned size, unsigned n, FILE * fp);

功能是:从文件 fp 中读入 size 个字节的数据块 n 次,存放到 buf 所指的存储单元中。于是:buf 是一个指针,它是读入数据的存放地址,所以选项 C)是正确的。

(3)【参考答案】B

【要点与解析】本题重点考查命令行参数的问题。

main 函数也可以接收参数,要接收参数,它的定义格式是:main(int argc, char * argv[ ]),其中第一个参数是 int 型变量,用来记录用户输入参数的个数,第二个是 char 型指针数组,用来存指向用户输入的参数串。

本例中,argc 的值是 4,所以输出结果是 4,选项 B)正确。

(4)【参考答案】A

【要点与解析】本题重点考查文本文件的处理问题。

函数 fc 的作用是把 p 所指向的文件内容输出到屏幕上。主函数调用 fc 两次,分别把文件 a1. txt 和 a2. txt 输出到屏幕,所以选项 A)是正确的。

(5)【参考答案】A

【要点与解析】本题重点考查文本文件的处理问题。

在 C 语言中,fopen 的功能:打开一个文件;调用方式:"FILE * fp;fp=fopen(文件名,使用文件方式);"。fprintf 的功能:传送格式化输出到一个文件中;调用方式:"fprintf(文件指针,格式字符串,输出表列);"。

fclose 的功能：关闭一个文件；调用方式："fclose(文件指针)；"。

fscanf 的功能：从磁盘文件执行格式化输入；调用方式："fscanf(文件指针，格式字符串，输入表列)；"。

本例中，先把 i=20 和 j=30 的值写到了文件 d1. dat 中，然后读取 d1. dat 中数据存储到变量 k=20 和 n=30 中，然后把它们输出到屏幕，所以选项 A)正确。

(6)**【参考答案】**D

【要点与解析】本题重点考查文件的概念问题。

C 语言把文件看成是字符或字节的序列。根据数据的组织形式，可分为 ASCII 文件和二进制文件。ASCII 文件又称文本文件，它的每一个字节放一个 ASCII 代码，代表一个字符。二进制文件是把内存中的数据按其在内存中的存储形式原样输出到磁盘上存放。C 语言对文本文件和二进制文件都可以进行读写操作。因此选项 A)、B)和 C)是错误的，选项 D)正确。

(7)**【参考答案】**B

【要点与解析】本题重点考查文件指针定位函数 fseek 的使用方法问题。

fseek 函数的调用形式为：fseek(文件指针，位移量，起始点)；

"起始点"用 0，1 或 2 代替，0 代表。"文件开始"，1 为"当前位置"，2 为"文件末尾"。"位移量"指以"起始点"为基点，向前移动的字节数。"起始点"也可以用常量表示：SEEK_END 代表的是文件末尾，SEEK_SET 代表的是文件的开始，SEEK_CUR 代表的是文件当前位置。

(8)**【参考答案】**B

【要点与解析】本题重点考查文件指针定位函数 fseek 的使用方法问题。

在 C 语言中，提供了丰富的文件读写函数：gets 函数用于从终端读入字符串；getchar 函数用于从终端读入字符；fputs 函数用于把字符串输出到文件；fwrite 函数用于以二进制形式输出数据到文件。所以选项 B)错误。

(9)**【参考答案】**B

【要点与解析】本题重点考查文本文件的处理问题。

在 C 语言中，fopen 功能：打开一个文件；调用方式："FILE * fp；fp=fopen(文件名，使用文件方式)；"。fprintf 功能：传送格式化输出到一个文件中；调用方式："fprintf(文件指针，格式字符串，输出表列)；"。

fclose 的功能：关闭一个文件；调用方式："fclose(文件指针)；"。

fscanf 的功能：从磁盘文件执行格式化输入；调用方式："fscanf(文件指针，格式字符串，输入表列)；"。

本例中，先把数组 a 中前三个元素的值写到了文件 data. dat 中(123)，然后把文件中的内容读入到整型变量 n 中，最后输出变量 n 的值。所以正确答案为 B)。

(10)**【参考答案】**D

【要点与解析】本题重点考查文本文件的处理问题。

在 C 语言中，fopen 的功能：打开一个文件；调用方式："FILE * fp；fp=fopen(文件名，使用文件方式)；"。fputc 的功能：把一个字符输出到文件中；调用方式："fputc(字符，文件指针);”。fclose 的功能:关闭一个文件;调用方式:“fclose(文件指针);”。

本例中,连续向文件 TEST 中写入了 7 个字符,所以文件长度是 7,正确答案为 D)。

(11)**【参考答案】**D

【要点与解析】本题重点考查文本文件的处理问题。

在 C 语言中,fopen 的功能:打开一个文件;调用方式:“FILE * fp;fp=fopen(文件名,使用文件方式);”。fprintf 的功能:传送格式化输出到一个文件中;调用方式:“fprintf(文件指针,格式字符串,输出表列);”。

fclose 的功能:关闭一个文件;调用方式:“fclose(文件指针);”。

fscanf 的功能:从磁盘文件执行格式化输入;调用方式:“fscanf(文件指针,格式字符串,输入表列);”。

本例中,用文件函数 fopen 打开 d2.dat 文件并把数组 a 中的 6 个元素分两行写到 d2.dat 文件中。然后再次打开文件 d2.dat,读取文件 d2.dat 中的数据,因为每行没有分隔符,所以每一行会被认为是一个完整的数,并存入到变量 k 和 n 中,输出结果为 123 456。因此,本题答案为 D)。

(12)**【参考答案】**A

【要点与解析】本题重点考查二进制文件的处理问题。

本例中,先利用 fwrite 函数将数组 a 的元素写入了 d3.dat 文件中,然后 fseek 函数使读文件的位置指针从文件头向后移动 3 个 int 型数据,这时文件位置指针指向的是文件中的第 4 个 int 型数据“4”。用 fread 函数将文件 fp 中的后 3 个数据“4,5,6”读到数组 a 中,这样就覆盖了数组中原来的前 3 项数据。于是数组 a 中的元素就变成了{4,5,6,4,5,6}。因此,本题答案为 A)。

(13)**【参考答案】**C

【要点与解析】本题重点考查二进制文件的读取函数 fread 的相关问题。

在 C 语言中,fread 函数的原型是:

```
int fread(type * buf, unsigned size, unsigned n, FILE * fp);
```

功能是:从文件 fp 中读入 size 个字节的数据块 n 次,存放到 buf 所指的存储单元中。于是:buf 是一个指针,它是读入数据的存放地址,所以选项 C)是正确的。

(14)**【参考答案】**D

【要点与解析】本题重点考查二进制文件操作的相关问题。

本例中,首先用函数 fopen()以“wb”的方式打开文件“d2.dat”,然后调用两次 fwrite 函数将数组 a 的 5 个元素依次输出到文件 fp 中,共 10 个字节,关闭文件。再次打开文件,使用文件指针指向文件的开头,调用 fread 函数从文件 fp 中读取这 10 个字节的数据到数组 a 中,此时数组 a 的内容就变为{1,2,3,0,0,1,2,3,0,0},最后的输出结果为“1,2,3,0,0,1,2,3,0,0”。因此,本题答案为 D)。

2. 填空题

(1) **【参考答案】**【1】"myfileadat","r"

【要点与解析】本题重点考查文本操作的相关知识。

fopen函数的调用方式通常为“fopen(文件名,使用文件方式);”。本题中要求程序可以打开 myfile. dat 文件,并且是要读取文件中的内容。所以空白处应当填入“myfile. dat”,“r”。

(2)**【参考答案】**【2】fseek(文件指针,位移量,起始点)

【要点与解析】本题重点考查文件指针定位函数 fseek 的使用方法问题。

函数 fseek 的原型是“int fseek(FILE * fp, long offset, int origin);”;功能是:把 fp 指向文件的读写位置指针移到相对于 origin 偏移量为 offset 的位置。正常时返回当前指针位置,异常时返回 -1。Origin 的取值是 0-2,分别代表文件开头、当前位置和文件末尾。

(3)**【参考答案】**【3】a

【要点与解析】本题重点考查文件的操作方法问题。

本例是要向打开的文件追加内容,所以应该在打开文件的语句中,用“a”方式打开文件。

第 22 章　其他习题答案与解析

1. 选择题

(1)**【参考答案】**C

【要点与解析】本题重点考查有关算法的相关问题。

算法具有的 5 个特性是:有穷性;确定性;可行性;有 0 个或多个输入;有一个或多个输出。所以说,用 C 程序实现的算法可以没有输入但必须要有输出。

(2)**【参考答案】**B

【要点与解析】本题重点考查有关宏定义的相关问题。

在 C 语言中,我们可以使用预编译命令来定义一个符号常量。格式是:

#define 名字 符号

注意几点:①定义符号常量又叫宏定义,它是 C 语言中提供的预编译处理的一种;②名字又叫宏名,通常用大写字母表示;③有了宏定义后,就可以在程序中用名字来代替符号;④系统在进行编译前将进行宏替换,把所有的名字替换为定义中的符号;⑤宏定义可以迭代,即可以使用已经定义的宏来定义宏。

本例中,在对 2＊M＋1 进行宏替换时,要将宏名 M 原封不动地代进去,得到 NUM 的形式为 2＊N＋1＋1(千万不要随意给 N＋1 加上小括号,使 NUM 变为 2＊(N＋1)＋1,这就是宏名和变量名之间的区别),再将 N 代进去,得到 NUM 的值为 6。

(3)**【参考答案】**B

【要点与解析】本题重点考查有关位运算的相关问题。

在 C 语言中,允许对整数的二进制位实施运算。本例中,涉及按位异或和左移位运算。按位异或运算符“^”是双目运算符,其功能是参与运算的两数各对应的二进位相异或,当两对应的二进位相异时,结果为 1。左移运算符“<<”是双目运算符,其功能把“<<”左边的运算数的各二进位全部左移若干位,由“<<”右边的数指定移动的位数,高位丢弃,低位补 0。并且“<<”运算符的优先级高于“^”。于是 z＝3^6<<2＝3^24,展开如下:

```
  00000011
^ 00011000
----------
  00011011
```

所以结果为:00011011,选项 B)是正确的。

(4)【参考答案】A

【要点与解析】本题重点考查有关带参数宏定义的相关问题。

在 C 语言中,我们可以使用预编译命令来定义一个带参数宏。格式是:

#define 名字(参数表) 符号

注意几点:①定义宏是 C 语言中提供的预编译处理的一种;②名字又叫宏名,通常用大写字母表示;③有了宏定义后,就可以在程序中用名字来代替符号;④系统在进行编译前将进行宏替换,把所有的名字替换为定义中的符号,系统只是将宏展开,不进行任何运算。

本例中,定义了两个带参数的宏 M(X,Y)和 N(X,Y),在编译时系统把宏出现的地方进行了展开:k=(M(a,b))/(c)=((a)*(b))/(c),于是执行的结果是:k=30/8=3,所以选项 A)正确。

(5)【参考答案】C

【要点与解析】本题重点考查有关位运算的相关问题。

在 C 语言中,允许对整数的二进制位实施运算。本例中,涉及按位异或运算。按位异或运算符"^"是双目运算符,其功能是对参与运算的两数各对应的二进位相异或,当两对应的二进位相异时,结果为 1,否则为 0。所以 1^3 结果为 2,选项 C)正确。

(6)【参考答案】C

【要点与解析】本题重点考查有关带参数宏定义的相关问题。

带参数的宏定义命令行形式如下:

#define 宏名(形参表) 文本

在编译时,系统用"文本"来替换宏,即 M(n,m)被替换为 n%m。程序运行时计算,将结果赋给 a。注意,宏替换是在编译时由预处理程序完成的,宏替换不占用运行的时间。所以 a=100%12=4,执行"printf("%d\n", a--);"的结果是 4,选项 C)正确。

(7)【参考答案】B

【要点与解析】本题重点考查有关带参数宏定义的相关问题。

带参数的宏定义命令行形式如下:

#define 宏名(形参表) 文本

带参数宏的处理方法是:编译前把宏定义中的参数用实际参数替换后,用字符串替换原来的部分,于是本题中宏是按原形替换,本题编译前替换为 sum=x+y+z*y+z。程序执行时进行运算,结果是"sum=1+2+3*2+3=12"。所以选项 B)是正确的。

(8)【参考答案】D

【要点与解析】本题重点考查有关预处理命令的相关问题。

C 语言中的预处理命令以符号#开头,这些命令是在程序编译之前进行处理的,选项 D)的描述错误。故答案选 D)。

(9)【参考答案】A

【要点与解析】本题重点考查有关位运算的相关问题。

本题考查的是位运算的知识,对于任何二进制数,和 1 进行异或运算会让其取反,而和 0 进行异或运算不会产生任何变化,故本题答案选 A)。

(10)【参考答案】D

【要点与解析】本题重点考查有关带参数宏定义的相关问题。

带参数的宏定义命令行形式如下：

#define　宏名(形参表) 文本

带参数宏的处理方法是：编译前把宏定义中的参数用实际参数替换后，用字符串替换原来的部分。本题中定义了两个带参数的宏，即#define HDY(A,B)和#define PRINT(Y) printf("y=%d\n",Y)，根据宏替换的替换规则，在主函数中k=HDY(a+c,b+d)=1+3/2+4=6。因此，本题答案为D)。

(11)【参考答案】B

【要点与解析】本题重点考查有关位运算的相关问题。

在C语言中，允许对整数的二进制位实施运算。本例中涉及了按位或"|"运算和按位与运算符"&"，它们是双目运算符。按位或"|"运算的功能是参与运算的两数各对应的二进位相加，当两对应的二进位有一个是1，结果为1，两个都为0则为0。按位与"&"运算的功能是参与运算的两数各对应的二进位相乘，当两对应的二进位均是1，结果为1，有一个为0则为0。所以d=2|4=6，d&=c=6&5=4，于是选项B)正确。

(12)【参考答案】B

【要点与解析】本题重点考查有关宏定义的相关问题。

在C语言中，我们可以使用预编译命令来定义一个符号常量，格式是：

#define　名字　符号

注意几点：①定义符号常量又叫宏定义，它是C语言中提供的预编译处理的一种；②名字又叫宏名，通常用大写字母表示；③有了宏定义后，就可以在程序中用名字来代替符号；④系统在进行编译前将进行宏替换，把所有的名字替换为定义中的符号；⑤宏定义可以迭代，即可以使用已经定义的宏来定义宏。

本例选项A)中N的值为整数100的说法错误，因为系统不加解释，只是把100看作是符号，而不是数据；因为替换发生在编译前，所以选项C)、D)错误。因此选项B)是正确的。

(13)【参考答案】D

【要点与解析】本题重点考查有关位运算的相关问题。

在C语言中，允许对整数的二进制位实施运算。本例中，涉及按位异或"^"和按位与"&"运算。按位异或运算符"^"是双目运算符，其功能是参与运算的两数各对应的二进位相异或，当两对应的二进位相异时，结果为1，否则为0。按位与"&"运算是对参与运算的两数各对应的二进位相与，只有当两对应的二进位都是1，结果才为1，否则为0。于是z=(1^2)&3=3&3=3，选项D)是正确的。

2. 填空题

(1)【参考答案】【1】c

【要点与解析】本题重点考查有关带参数宏定义的相关问题。

带参数的宏定义命令行形式如下：

#define 宏名(形参表) 文本

带参数宏的处理方法是：编译前把宏定义中的参数用实际参数替换后，用字符串替换原来的部分。本例在 MYSWAP 宏定义中，利用中间变量 z 来交换 x 和 y 的值，所以要实现 a 和 b 的交换，只需通过中间变量即可。所以，此处应填 c。

(2)**【参考答案】**【2】9

【要点与解析】本题重点考查有关带参数宏定义的相关问题。

带参数的宏定义命令行形式如下：

#define 宏名(形参表) 文本

带参数宏的处理方法是：编译前把宏定义中的参数用实际参数替换后，用字符串替换原来的部分。本例“MAX(a,b)(a>b? a:b)+1;”实现：如果 a>b 成立，则 a+1 的值为整个表达式的值，否则 b+1 的值为整个表达式的值。所以为 9。

(3)**【参考答案】**【3】1 2 3 ok!

【要点与解析】本题重点考查有关宏定义的相关问题。

宏替换不是函数调用，只是一种简单的字符替代。所以本题中 PRINT(a+i)展开为：printf("%d\t",(int)(a+i))，当 i=0 时，输出 1；当 i=1 时，输出 2；当 i=2 时，输出 3；for 循环结束后输出“ok!”。

(4)**【参考答案】**【4】ar=9ar=9ar=11

【要点与解析】本题重点考查有关宏定义的相关问题。

本题综合考查了 for 循环、switch 语句及宏替换等几个知识点。j=3 时，执行“PR(*(--p));”输出数组元素 a[4]的值；j=2 时，执行“PR(*p++);”取出 p 所指位置的元素 a[4]，然后“p++;”；当 j=1 时，执行“PR (*p++);”，取得数组元素 a[6]的值 11。

附录 A　ASCII 码表

十进制	八进制	十六进制	符号	十进制	八进制	十六进制	符号	十进制	八进制	十六进制	符号
0	00	00	null	43	53	2B	+	86	126	56	V
1	01	01	SOH	44	54	2c	,	87	127	57	W
2	02	02	STX	45	55	2D	—	88	130	58	X
3	03	03	ETX	46	56	2E	.	89	131	59	Y
4	04	04	EOT	47	57	2F	/	90	132	5A	Z
5	05	05	ENQ	48	60	30	0	91	133	5B	[
6	06	06	ACK	49	61	31	1	92	134	5C	\
7	07	07	BEL	50	62	32	2	93	135	5D	]
8	10	08	BS	51	63	33	3	94	136	5E	^
9	11	09	HT	52	64	34	4	95	137	5F	_
10	12	0A	LF	53	65	35	5	96	140	60	‘
11	13	0B	VT	54	66	36	6	97	141	61	a
12	14	0C	FF	55	67	37	7	98	142	62	b
13	15	0D	CR	56	70	38	8	99	143	63	c
14	16	0E	SO	57	71	39	9	100	144	64	d
15	17	0F	SI	58	72	3A	:	101	145	65	e
16	20	10	DLE	59	73	3B	;	102	146	66	f
17	21	11	DCl	60	74	3C	<	103	147	67	g
18	22	12	DC2	61	75	3D	=	104	150	68	h
19	23	13	DC3	62	76	3E	>	105	151	69	i
20	24	14	DC4	63	77	3F	?	106	152	6A	j
21	25	15	NAK	64	100	40	@	107	153	6B	k
22	26	16	SYN	65	101	41	A	108	154	6C	l
23	27	17	ETB	66	102	42	B	109	155	6D	m
24	30	18	CAN	67	103	43	C	110	156	6E	n
25	31	19	EM	68	104	44	D	111	157	6F	o
26	32	1A	SUB	69	105	45	E	112	160	70	p
27	33	1B	ESC	70	106	46	F	113	161	71	q
28	34	1C	FS	71	107	47	G	114	162	72	r
29	35	1D	GS	72	110	48	H	115	163	73	s
30	36	1E	RS	73	111	49	I	116	164	74	t
31	37	1F	US	74	112	4A	J	117	165	75	u
32	40	20	SP	75	113	4B	K	118	166	76	v
33	41	21	!	76	114	4C	L	119	167	77	w
34	42	22	“	77	115	4D	M	120	170	78	x
35	43	23	#	78	116	4E	N	121	171	79	y
36	44	24	$	79	117	4F	O	122	172	7A	z
37	45	25	%	80	120	50	P	123	173	7B	{
38	46	26	&	81	121	51	Q	124	174	7C		
39	47	27	`	82	122	52	R	125	175	7D	}
40	50	28	(	83	123	53	S	126	176	7E	～
41	51	29	)	84	124	54	T	127	177	7F	DEL
42	52	2A	*	85	125	55	U				

附录B　C语言库函数

1. 数学函数

头文件：math. h

函数名	函数原型	功能	返回值
acos	double acos(double x)；	计算 arccos x 的值，$-1\leqslant x\leqslant 1$	计算结果
asin	double asin(double x)；	计算 arcsin x 的值，$-1\leqslant x\leqslant 1$	计算结果
atan	double atan(double x)；	计算 arctan x 的值	计算结果
atan2	double atan2 (double x, double y)；	计算 arctan(x/y)的值	计算结果
ceil	double ceil(double x,double y)；	求不小于 x 的最小整数	该整数的双精度浮点数
cos	double cos(double x)；	计算 cos x 的值，x 的单位为弧度	计算结果
cosh	double cosh(double x)；	计算 x 的双曲余弦 cosh x 的值	计算结果
exp	double exp(double x)；	求 e^x 的值	计算结果
fabs	double fabs(double x)；	求 x 的绝对值	计算结果
floor	double floor(double x)；	求出不大于 x 的最大整数	该整数的双精度实数
fmod	double fmod (double x, double y)；	求整数 x/y 的余数	返回余数的双精度数
frexp	double frexp(double val,int * eptr)；	把双精度数 val 分解为数字部分(尾数)和以 2 为底的指数 n，即 val$=x*2^n$，n 存放在 eptr 指向的变量中	返回数字部分 x，$0.5\leqslant x<1$
log	double log(double x)；	求 log e^x，即 ln x	计算结果
log10	double log10(double x)；	求 log 10^x	计算结果
modf	double modf(double val, double * iptr)；	把双精度数 val 分解为整数部分和小数部分，把整数部分存在 iptr 指向的单元	val 的小数部分
pow	double pow (double x, double y)；	计算 x^y 的值	计算结果
sin	double sin(double x)；	计算 sin x 的值，x 的单位为弧度	计算结果
sinh	double sinh(double x)；	计算 x 的双曲正弦函数 sinh x 的值	计算结果
sqrt	double sqrt(double x)；	计算 x 的开平方，$x>=0$	计算结果
tan	double tan(double x)；	计算 tan x 的值，x 的单位为弧度	计算结果
tanh	double tanh(double x)；	计算 x 的双曲正切函数	计算结果

续 表

2. 输入输出函数

头文件:stdio. h

函数名	函数原型	功能	返回值
clearerr	void clearerr(FILE * fp);	清除 fp 指向的文件的错误标志,同时清除文件结束指示器	无
close	int close(int fd);	关闭文件	关闭成功返回 0,否则返回-1
creat	int creat(char * filename, int mode);	以 mode 所指定的方式建立文件,文件名字为 filename	成功则返回正数,否则返回-1
eof	int eof(int fd);	判断是否处于文件结束	遇到文件结束返回 1,否则返回 0
fclose	int fclose(FILE * fp);	关闭 fp 所指的文件,释放文件缓冲区	成功返回 0,否则返回非零值
feof	int feof(FILE * fp);	检查文件是否结束	遇文件结束符返回非零值,否则返回 0
ferror	int ferror((FILE * fp);	测试 fp 所指向的文件是否有错	没错返回 0,有错返回非零
fflush	int fflush(FILE * fp);	把 fp 指向的文件的所有数据和控制信息存盘	成功,返回 0,否则返回非零
fgetc	int fgetc(FILE * fp);	从 fp 所指定的文件中取得下一个字符	返回所得到的字符,若读入出错返回 EOF
fgets	char * fgets(char * buf, int n,FILE * fp);	从 fp 指向的文件读取一个长度为($n-$1)的字符串,存入起始地址为 buf 的空间	成功返回地址 buf,若遇文件结束或出错,返回 NULL
fopen	FILE * fopen(char * fname, char * mode);	以 mode 指定的方式打开名为 fname 的文件	成功,返回一个文件指针(文件信息区的起始地址),否则返回 0
fprintf	int fprintf(FILE * fp,char * format);	把 args 的值以 format 指定的格式输出到 fp 所指定的文件中	实际输出的字符数
fputc	int fputc(char ch, FILE * fp);	将字符 ch 输出到 fp 指定的文件中	成功,返回该字符,否则返回 EOF
fputs	int fputs(char * str, FILE * fp);	将 str 指向的字符串输出到 fp 所指定的文件	成功返回 0,若出错返回非零值
fread	int fread(char * pt, unsigned size, unsigned n, FILE * fp);	从 fp 所指定的文件中读取长度为 size 的 n 个数据项,存到 pt 所指向的内存区	返回所读的数据项个数,如遇文件结束或出错返回 0
freopen	FILE * freopen(char * fname, char * mode, FILE * fp);	用 fname 所指定的文件替换 fp 所指定的文件。fname 文件的打开方式由 mode 定义	成功返回文件指针 fp;否则返回 NULL
fscanf	int fscanf(FILE * fp, char * format);	从 fp 指定的文件中按 format 给定的格式将输入数据送到 args 所指向的内存变元(args 是指针)	已输入的数据个数
fseek	int fseek(FILE * fp,long offset,int base);	将 fp 所指向的文件的位置指针移到以 base 所指出的位置为基准,以 offest 为偏移量的位置	返回当前位置,否则返回-1
ftell	long ftell(FILE * fp);	返回 fp 所指向的文件中的读写位置	返回 fp 所指向的文件中的读写位置
fwrite	int fwrite(char * ptr, unsigned size, unsigned n, FILE * fp);	把 ptr 所指向的 $n *$ size 个字节输出到 fp 所指向的文件中	写到文件中的数据项个数
getc	int getc(FILE * fp);	从 fp 所指向的文件中读入一个字符	返回所读的字符,若文件结束或出错,返回 EOF

续表

函数名	函数原型	功能	返回值
getchar	int getchar(void);	从标准输入设备读取下一个字符	返回所读字符。若文件结束,或出错,则返回-1
gets	char * gets(char * str);	从标准输入设备读取字符串并把它们放入由 str 指向的字符数组中	成功,返回 str,否则返回 NULL
getw	int getw(FILE * fp);	从 fp 所指向的文件读取下一个整数	输入的整数。如文件结束或出错,返回-1
kbhit	int kbhit(void);	判断是否有键被按下	若键被按下,返回一个非零值,否则返回 0
lseek	long lseek(int fd,long offset,int base);	根据 base 所确定的位置,按 offest 的偏移量调整 fd 所指定的文件中的读写位置	成功,返回该文件中的当前位置,否则返回-1
open	int open(char * fname,int mode);	以 mode 指出的方式,打开已存在的、名为 fname 的文件	成功返回文件号(正数),否则返回负数
printf	int printf(char * format, args, ...);	在用 format 指定的字符串的控制下,把输出表列 args 的值输出到标准输出设备	输出字符串的个数。若出错,返回负数
putc	int putc(int ch, FILE * fp);	把一个字符 ch 输出到 fp 所指的文件中	输出的字符 ch 若出错,返回 EOF
puts	int puts(char * str);	把 str 指向的字符串输出到标准输出设备,将'\0'转换为回车换行	成功,返回换行符,失败,返回 EOF
putchar	int putchar(int ch);	把字符 ch 输出到标准输出设备	输出的字符 ch.若出错,返回 EOF
putw	int putw(int i, FILE * fp);	将一个整数(即一个字)写到 fp 指向的文件中	返回输出的整数,失败,返回 EOF
read	int read(int fd,char * buf, unsigned count);	从文件号 fd 所指示的文件中读 count 个字节到由 buf 指示的缓冲区	返回真正读入的字节个数。如遇文件结束返回 0,出错返回-1
remove	int remove(char * fname);	删除以 fname 为文件名的文件	成功返回 0,失败返回-1
rename	int rename(char * oldname, char * newname);	把由 oldname 所指的文件名改成由 newname 所指的文件名	成功返回 0,失败返回-1
rewind	void rewind(FILE * fp);	将 fp 指示的文件中的位置指针置于文件开头位置,并清除文件结束标志和错误标志	无

续表

函数名	函数原型	功能	返回值
scanf	int scanf(char * format, args,...);	从标准输入设备按 format 指向的格式字符串规定的格式，输入数据给 args 所指向的单元(args 为指针)	读入并赋给 args 的数据个数。遇文件结束，返回 EOF；出错，返回 0
setbuf	void setbuf(FILE * fp, char * buf);	说明 fp 将要使用的缓冲区(长度为 BUFSIZE). 若 buf 置为 NULL，则关闭缓冲区	无
setvbuf	int setvbuf(FILE * fp, char * buf, int mode,int size);	为 fp 所指向的文件提供输入/输出操作的缓冲区 buf，缓冲区的大小是 size，使用方式为 mode	成功返回 0，失败返回非零
sprintf	int sprintf(char * buf, char * format,args,...);	把按 format 规定的格式的 args 数据，送到 buf 所指向的数组中	返回实际放进数组中的字符数
sscanf	int sscanf(char * buf, char * format,args,...);	按 format 规定的格式，从 buf 指向的数组中读入数据给 args 所指向的单元(args 为指针)	返回值为实际赋值的个数；若返回 0，则无任何字段被赋值；若返回 EOF，则要从字符串尾读
tell	long int tell(int fd);	确定文件描述号 fd 所对应的文件位置指示器的当前值	返回文件位置指示器的当前值，出错返回－1
tmpnam	char * tmpnam(char * name);	生成一个与目录中其他文件名不同的临时文件名，并把它放入由 name 指向的数组中	成功，返回指向 name 的指针；否则返回 NULL 指针
tmpfile	FILE * tmpfile(void)	打开一个临时文件并返回指向这个文件的指针。由该函数产生的临时文件在被关闭或程序结束时自动被删除	成功，返回指向文件的指针；失败，返回 NULL
write	int write(int fd,char * buf, unsigned int size);	把 buf 指向的缓冲区中 size 个字节写到 fd 文件中	返回实际写出的字节数；出错返回－1

3. 字符与字符串处理函数

头文件：字符串函数为 string. h　　　字符函数为 ctype. h

函数名	函数原型	功能	返回值
isalnum	int isalnum(int ch);	检查 ch 是否是字母或数字	是字母或数字返回 1，否则返回 0
isalpha	int isalpha(int ch);	检查 ch 是否是字母	是字母返回 1；否则返回 0
iscntrl	int iscntrl(int ch);	检查 ch 是否是控制字符(其 ASCII 码在 0 和 0X1F 之间)	是控制字符返回非零值，否则返回 0

续 表

函数名	函数原型	功能	返回值
isdigit	int isdigit(int ch);	检查 ch 是否是数字(0~9)	是数字返回 1,否则返回 0
isgraph	int isgraph(int ch);	检查 ch 是否是可打印字符(其 ASCII 码在 0X21 到 0X7E 之间),不包括空格	是可打印字符返回 1,否则返回 0
islower	int islower(int ch);	检查 ch 是否小写字母(a~z)	是小写字母返回 1,否则返回 0
isprint	int isprint(int ch);	检查 ch 是否可打印字符(不包括空格),其 ASCII 码在 0X20 到 0X7E 之间	是返回 1,不是返回 0
ispunct	int ispunct(int ch);	检查 ch 是否标点字符(不包括空格),即除字符数字和空格以外的所有可打印字符	是,返回;否则返回 0
isspace	int isspace(int ch);	检查 ch 是否空格、跳格符(制表符)或换行符	是,返回 1,否则,返回 0
isupper	int isupper(int ch);	检查 ch 是否是大写字母(A~Z)	是,返回 1;否则,返回 0
isxdigit	int isxdigit(int ch);	检查 ch 是否一个十六进制数字(即 0~9,或 A~F,或 a~f)	是,返回 1;否则,返回 0
tolower	int tolower(int ch);	将 ch 字符转换为小写字母	返回 ch 所代表的字符的小写字母
toupper	int toupper(int ch);	将 ch 字符转换为大写字母	返回 ch 所代表的字符的大写字母
memchr	void memchr(void * buf,int ch, unsigned int count);	在 buf 的头 count 个字符里搜索 ch 的第一次出现的位置	返回指向 buf 中 ch 第一次出现的位置的指针;如果没有发现 ch,返回 NULL
memcmp	int memcmp(void * buf1, void * buf2, unsigned int count);	按字母顺序比较由 buf1 和 buf2 指向的数组的头 count 个字符	buf1 小于 buf2,返回小于 0 整数;buf1 等于 buf2,返回 0;buf1 大于 buf2,返回大于零的整数
memcpy	void * memcpy(void * to, void * from, unsigned int count);	把 from 指向的数组中的 count 个字符拷贝到 to 指向的数组中	返回指向 to 的指针
memmove	void * memmove(void * to, void * from, unsigned int count);	从 from 指向的数组中把 count 个字符拷贝到由 to 指向的数组中	返回一个指向 to 的指针
memset	void * memset(void * buf, int ch, unsigned int count);	把 ch 的低字节复制到 buf 所指向的数组的最先 count 个字符中	返回 buf

续表

函数名	函数原型	功能	返回值
strcat	char * strcat(char * str1, char * str2);	把字符串 str2 接到 str1 后面,str1 最后面的'\0'被取消	返回 str1
strchr	char * strchr(char * str,int ch);	找出 str 指向的字符串中第一次出现字符 ch 的位置	返回指向该位置的指针,若找不到,则返回 NULL
strcmp	int strcmp (char * str1, char * str2);	比较两个字符串 str1,str2	str1 > str2,返回整数;str1 = str2,返回 0;str1 < str2 返回负数
strcpy	char * strcpy(char * str1, char * str2);	把 str2 指向的字符串复制到 str1 中去	返回 str1
strlen	unsigned int strlen(char * str);	统计字符串 str 中字符的个数(不包括终止符'\0')	返回字符个数
strcspn	int strcspn (char * str1, char * str2);	确定 str1 中出现属于 str2 的第一个字符下标	返回 str1 中出现的属于 str2 的第一个字符的下标
strncat	char * strncat(char * str1, char * str2, unsigned int count);	把 str2 指向的字符串最多 count 个字符连接到后面,并用 NULL 结尾	返回 str1
strncmp	int strncmp (char * str1, char * str2, unsigned int count);	按字典顺序比较两个以 NULL 结尾的字符串中最多 count 个字符	str1 < str2,返回值小于 0;str1 = str2,返回值等于 0;str1 > str2,返回值大于 0
strncpy	char * strncpy(char * str1, char * str2, unsigned int count);	把 str2 中最多 count 个字符复制到 str1 中去	返回 str1
strpbrk	char * strpbrk(char * str1, char * str2);	确定 str1 中第一个与 str2 中任何一个字符相匹配的字符的指针位置	返回 str1 中第一个与 str2 中任何一个字符相匹配的字符的指针。如果不存在匹配,返回 NULL
strspn	int strspn(char * str1, char * str2);	确定 str1 中出现的属于 str2 的第一个字符的下标	返回 str1 中出现的属于 str2 的第一个字符的下标
strstr	char * strstr(char * str1, char * str2);	寻找 str2 指向的字符串在 str1 指向的字符串 1 首次出现的位置	子串首次出现的地址,如果在 str1 指向的字符串中不存在该子串,则返回空指针 NULL

续 表

4. 标准库函数

头文件：stdlib. h

函数名	函数原型	功能	返回值
calloc	viod * calloc (unsigned n, unsigned size)；	为数组分配内存空间，内存量为 n * size	返回一个指向已分配的内存单元的起始地址，如不成功，返回 NULL
free	viod free(viod * p)；	释放 p 所指向的内存空间	无
malloc	viod * malloc (unsigned int size)；	分配 size 字节的存储区	返回所分配内存区的起始地址；若内存不够，返回 NULL
realloc	void * realloc(void * p, unsigned size)；	将 p 所指出的已分配内存区的大小改为 size。size 可以比原来分配的空间大或小	返回指向该内存区的指针
abort	void abort(void)；	立刻结束程序运行，不清理任何文件缓冲区	无
abs	int abs(num) int num；	计算整数 num 的绝对值	返回 num 的绝对值
atof	double atof(char * str)；	把 str 指向的字符串转换成一个 double 值	返回双精度结果
atoi	int atoi(char * str)；	将 ASCII 字符串转换为整数	返回转换结果
atol	long atol(char * str)；	将 str 指向的 ASCII 字符串转换成长整型值	返回转换结果；若不能转换，返回 0
bsearch	void * bsearch (void * key, void * base, unsigned int num, unsigned int size, int (* compare)())；	对一个 base 指向的已排好序的数组进行二分查找。数组的元素个数是 num，每个元素的大小为 size 字节。compare 指向的函数用来把数组元素与关键字进行比较	返回一个指向匹配 key 所指向的关键字的第一个成员的指针。若没有找到，则返回 NULL
exit	void exit(int status)；	使程序立刻正常地终止。status 的值传给调用过程	无
div	div_t div(int num, int denom)；	运算 num/denom	返回运算的商和余数。结构 div_t 在 stdlib. h 中至少有如下两个字段 int quot;int rem;
itoa	char * itoa(int num, char * str, int radix)；	把整数 num 转换成与其等价的字符串，并把结果放在 str 指向的字符串中，输出串的进制数由 radix 决定	返回一个指向 str 的指针
labs	long labs(long num)；	返回长整数 num 的绝对值	返回长整数 num 的绝对值

续表

函数名	函数原型	功能	返回值
ldiv	ldiv_t ldiv(long int num, long int denom);	计算 num/denom	返回商和余数。结构类型 ldiv_t 在 stdlib.h 中定义。至少有下面两个代表商和余数的字段:int quot; int rem;
ltoa	char * ltoa(long num, char * str, int radix);	把长整数 num 转换成与其等价的字符串,并把结果放到 str 指向的字符串中。输出串的进制数由 radix 决定	返回一个指向 str 的指针
qsort	void qsort(void * base, unsigned int num, unsigned int size, int (* comp)());	反复调用 comp 所指向的由用户自己编写的比较函数,对 base 指向的数组进行排序。数组的元素个数是 num,每一个元素的字节数由 size 描述	无
rand	int rand()	产生一系列伪随机数	返回 0 到 RAND_MAX 之间的整数。RAND_MAX 是返回的最大可能值,在头文件中定义
strtod	double strtod(char * start, char ** end);	把存储在 start 指向的数字字符串转换成 double,直到出现不能转换成浮点数的字符为止,剩余的字符串赋给指针 end	返回转换结果。若未进行转换,返回 0。若发生转换错误,则返回 HUNGE_val 或 HUGE_VAL,表示上溢出或下溢出
strtol	long int strtol(char * start, char ** end, int radix);	把存储在 start 指向的数字字符串转换成 long int 类型,直到串中出现不能转换成长整数的字符为止,剩余字符串赋给指针 end。数字的进制数由 radix 确定	返回转换结果。若未进行转换,返回 0。若发生转换错误,则返回 LONG_MAX 或 LONG_MIN,表示上溢出或下溢出
strtoul	unsigned long int strtoul (char * start, char ** end, int radix);	把存储在 start 指向的数字字符串转换成 unsigned long int 类型,直到串中出现不能转换成 unsigned long int 的字符为止,剩余的字符串赋给指针 end。数字进制数由 radix 确定	返回转换结果,若未进行转换,返回 0。若发生转换错误,则返回 ULONG_MAX 或 ULONG_MIN,表示上溢出或下溢出
system	int system(char * str);	把 str 指向的字符串作为一个命令传送到操作系统的命令处理器中	依赖于不同的编译版本。通常,命令被成功的执行,返回 0;否则返回一个非零值

参考文献

[1] 全国计算机等级考试网. 二级 C 语言程序设计题库. 北京：电子工业出版社，2008.

[2] 葛日波. C 语言程序设计. 北京：北京邮电大学出版社，2008.

[3] 谭浩强. C 语言习题集与上机指导. 3 版. 北京：清华大学出版社，2005.

[4] 李春葆. C 语言习题与解析. 3 版. 北京：清华大学出版社，2006.

[5] 张冬梅. C 语言程序设计与学习指导. 北京：中国铁道出版社，2008.